U0255589

湖岸
Hu'an

Wenn Hunde sprechen könnten!
Erstaunliches vom ältesten Haustier des Menschen

Henning Wiesner
Günter Mattei

在动物园散步才是正经事 03

假如狗狗会说话

[德] 亨宁·维斯纳 / 著
[德] 君特·玛泰 / 绘

王萍 万迎朗 / 译

中信出版集团 · 北京

图书在版编目（CIP）数据

假如狗狗会说话 /（德）亨宁 · 维斯纳著 ;（德）君特 · 玛泰绘 ; 王萍，万迎朗译 . -- 北京 : 中信出版社，2019.1

（在动物园散步才是正经事）

ISBN 978-7-5086-9774-1

Ⅰ . ①假… Ⅱ . ①亨… ②君… ③王… ④万… Ⅲ . ①动物—儿童读物 Ⅳ . ① Q95-49

中国版本图书馆 CIP 数据核字（2018）第 270440 号

Title: WENN HUNDE SPRECHEN KÖNNTEN!
Author: Henning Wiesner
Illustrator: Günter Mattei

假如狗狗会说话
（在动物园散步才是正经事 03）

著　　者：[德] 亨宁 · 维斯纳
绘　　者：[德] 君特 · 玛泰
译　　者：王　萍　万迎朗
出版发行：中信出版集团股份有限公司
　　　　　（北京市朝阳区惠新东街甲 4 号富盛大厦 2 座　邮编　100029）
承 印 者：北京尚唐印刷包装有限公司

开　　本：787mm×1092mm　1/16　　印　　张：7　　字　　数：75 千字
版　　次：2019 年 1 月第 1 版　　印　　次：2019 年 1 月第 1 次印刷
京权图字：01-2018-8254　　广告经营许可证：京朝工商广字第 8087 号
书　　号：ISBN 978-7-5086-9774-1
定　　价：78.00 元

服务热线：400-600-8099
投稿邮箱：author@citicpub.com

出品 中信儿童书店
图书策划 中信出版 · 优势教养 | 湖岸
策划编辑 张芳
出 品 人 唐奂
产品策划 景雁
责任编辑 卜凡雅
特约编辑 王迎 张瑾
营销编辑 张怡琳
特约校对 张瑀彤
封面设计 裴雷思
美术编辑 崔玥 韩雨顾

目 录

vor vier
LKA
ARD
STANKO VUK

小狗的奇妙难以言传。

杰克 · 伦敦

前言

狗的友谊至死不渝。这不仅仅指狗与狗之间的友谊，也指狗和我们人类之间的友好情感。我在生活中就曾亲身经历了这样一段美好的友情，这对我来说无疑是非常美妙的经历。我的两位朋友无论是在个性、气质还是天性上都有天壤之别——圣伯纳犬奥尔格性情温顺，有着沉着冷静的范儿；而马克西是一只活泼好动的法老王猎犬，来自西班牙的祖先赋予了它热情奔放的天性。

尽管它俩年龄悬殊，个性迥异，但友谊总是从相互闻闻开始的。与以眼耳为主的人类感官世界不同，鼻子和嗅觉在狗的感官世界里占据了举足轻重的地位。稀薄的气味分子中所携带的信息，便是狗语中的ABC。

每只狗伴随体味散发出来的气味信号，即所谓的费洛蒙🐾（Pheromone），能被其他狗捕捉到并准确理解。而表情和声音在它们的交流中仅占据次要地位。这是一个神秘的感官世界，它的大门对嗅觉相对迟钝的人类来说是永远紧闭的。

当读者和我一样在这本小书里琢磨奥尔格和马克西晚上在壁炉前彼此嗅着、舔着或互相轻轻咬时到底都在传递什么样的信息时，我突然想起了我的邻居。他是一位充满激情的狗迷。他能即兴讲上一课关于狗的故事，还能绘声绘色地描述自己的狗如何听懂人类语言的情形。好吧，我们权且先相信他的话，认为狗之间有着说不完的话。那么在狗长期被驯化的历史中，也就是从它开始作为人类宠物时起，或多或少总会留下些记载吧。

现在，就让我们来听听奥尔格和马克西到底在说些什么。

教授

🐾“费洛蒙”是信息素的音译，也称外激素，指的是由一个个体分泌到体外被同物种的其他个体通过嗅觉器官察觉并使后者表现出某种行为、情绪、心理或生理机制改变的物质。——编者注（本书注释除特别标明的以外均为编者注）

LA LUNA È NOSTRA

土拨鼠精灵
假如狗狗有愿望

奥尔格小心翼翼地拉扯了一下粗绒地毯，让自己的后背能稍稍靠近点温暖的壁炉，大块榉木正在壁炉里烧得噼啪作响。

“你怎么唉声叹气的？”坐在对面的马克西好奇地问。

“哎，你知道吗？我髋部很疼。这是我们圣伯纳犬的遗传病，越老越严重。”

“太可怜了，”马克西说，“早知道我们刚才在花园里不应该那么撒欢的。”

“不碍事，”奥尔格阿姨说，“用炉火烤烤舒服多了。你不是想知道刚才那只刺猬对我嚷嚷些什么吗？那家伙刚刚抓了蜗牛，追着自己最爱吃的蚯蚓来到这里，这会儿只想安静地待着。要是你敢去招惹它，它肯定刺你一脸血。”

“什么，你真能听懂刺猬的话？”马克西惊讶地问道。

“我会说刺猬语，就像我能听懂其他动物和人类的语言一样。这一切都源自一个神话般的奇遇。”奥尔格回答说。

“我们**圣伯纳犬**一向以异常灵敏的鼻子而闻名。早在17世纪，瑞士圣伯纳德隘口的僧侣便开始训练我们在雪崩时救人。我的一位先祖，著名的‘巴里’，它曾在雪崩中救下40多人，死后被埋葬在巴黎的名犬墓园。民间甚至还流传着非常荒诞的说法，说我们每次执行救人任务时，都会在脖子下面绑上一个装有烧酒的小木桶。其实，

巴里（BARRY）

雪崩中救出来的人根本不可能承受得了烧酒的烈度，这时候最好给他们一杯热茶或一碗热汤。

“早年，我生活在奥地利高地陶恩山脉地区，作为雪山救助犬服役，灵敏的鼻子让我在当地名声大震。在我服役期间，有一年，寒冬在9月底就早早到来，令大家都措手不及。我在大雪覆盖的深山里连续多天寻找两位失踪的登山者。那一带是众所周知的雪崩高发地区，当时几乎被雪崩扬起的雪粉彻底覆盖了，连百年云杉都像火柴一样被轻易折断。雪崩巨大的力量将树木连根拔起，这场面就好比一名巨人在好玩地拨弄一根旧牙刷。在被连根拔起的树桩附近，我敏锐的鼻子忽然捕捉到一丝气息，一种我从来没有闻到过的气味。我立马刨挖起来，很快，有个东西露出来，是一个小小的柔弱的生灵。我的驯狗员压根没有看见她，也许人类肉眼根本就无法见到这种生灵。那是一只小精灵，当她感觉到我温暖的舌头后，便睁开了眼睛。

“‘你救了我的命，’她用虚弱的声音说，‘我的名字叫玛默缇娜，是土拨鼠精灵女王的女儿。我刚要赶回土拨鼠王国，去通知大家今年必须提早进入冬眠，结果就遭遇到这可怕的雪崩。幸亏有你救了我，我还能及时警告他们，也还能在来年春天把大家从冬眠中吻醒。为了感谢你的救命之恩，我可以满足你一个愿望！’

“‘啊哈，’我说，‘我一直以为土拨鼠身体里有座钟，自然而然就知道什么时候该冬眠了。’

“‘是的，’土拨鼠精灵回答说，‘一般来说，他们自己能醒过来，但这帮小家伙有时候会睡过头，我就必须用吻唤醒他们。说吧，你有什么样的愿望？’

“于是我说出我的愿望：我想听懂人类的语言，我想和天底下所有的动物畅快交流。”

“我一直以为精灵只出现在童话故事中呢，”马克西说，“她们真的能够隐形吗？”

“是的，真是这样！”奥尔格阿姨说，“不然这一切都是我在做梦吗？现在，偶尔有些动物的方言会难倒我。不久前，一对瑞士夫妇前来拜访，他们带着一只**恩特雷布赫山地犬**。照理说，它应该算离我最近的瑞士近亲。可是你知道吗，这种瑞士卢塞恩地区的方言让我摸不着头脑。”

马克西鼻子里发出呼哧声：“是的，它说的话我也一句都听不懂。可你知道吗，我能捕捉到奇特的气味。去年，我们的主人教授先生在西班牙安达卢西亚的博洛尼亚海滩边的垃圾桶找到我，并把我带回家时，那附近也散发着奇怪的味道。太可惜了，我没有遇到什么垃圾桶精灵公主。可我还有一个问题不明白，你怎么知道土拨鼠体内有冬眠生物钟呢？”

奥尔格扬了扬她棕色的鼻尖，指了指书架的方向：“你瞧瞧那一大堆书。人类把它叫作图书馆。这儿的所有书都围绕着动物展开。咱们的教授在退休前是动物园园长，他把他能找到的所有动物类书籍都收藏在这里。夜幕降临，当他和妻子并肩坐在一起靠在壁炉边闲聊的时候，你会发现书中的内容在他嘴里变得鲜活了起来。

“教授能津津有味地讲各种动物，一连好几个小时都不会厌倦。女佣打扫房间时不得不仔细擦去书上的浮尘，往往忍不住对教授嗔怪，说他为什么弄来这么多容易沾灰的东西，却连个电视也没有。教授哈哈大笑说，壁炉就是电视，那里上演着全世界最精彩的节目。”

“没错，那才是他想要的，”马克西补充，“在沙滩酒吧里，也就是教授把我从嬉皮士手中买过来的时候，电视声音很喧哗，他不得不提高了嗓门说话，直到和我的第一任主人谈妥价格。不管怎么说，我可是一只纯种狗，纯种**法老王猎犬**。早在古埃及时代，人们就开始饲养我们。古埃及甚至还有一个神，名字叫阿努比斯，就有一个和我一样的胡狼头。”

犬种谱系

下颌骨的秘密
狼是怎样变成狗的？

马克西又开始吹嘘自己的血脉有多么高贵："我们法老王猎犬和所有其他犬类都不一样，身体中流淌着亚洲胡狼的黄金血液。正因如此，我的身价才这么高。"他扬扬自得，鼻子都要翘到天上去了。

"现在好好听我说，我亲爱的马克西，"圣伯纳犬奥尔格说，"关于你的品种，你没有什么好得意的。虽然作为法老王猎犬，你有两个尖尖的耳朵，但其中一个已经耷拉下来了。显然，垃圾桶的盖子有一次正好砸在你头上。再说，就算法老王后娜芙蒂蒂曾经温柔地抚摸过你的祖先——但在垃圾桶里翻找食物似乎不该是法老王宠物的传统吧。"

"不论怎样，我就是纯种的，"马克西争辩，"我只是太累了，耳朵才会垂下来。"

"好吧，好吧，"奥尔格宽慰他，"我也是纯种的呀。你知道狗类品种的情况吗？全世界登记在册的狗有400余种。很多人一旦牵着纯种狗散步就会趾高气扬。但其实，所有的狗，不管是**巴哥犬**（哈巴狗）也好，还是**德国宾莎犬**或者**贵宾犬**也好，包括你和我，都起源于狼。印度神话中有一个叫作伽内什的象头神。我们教授在担任动物园园长的时候，对于园里饲养的每一头大象都怀着无限的自豪，可他从来没有挂在嘴边啊！"

"我们法老王猎犬的身体里真的流着**金豺**（即亚洲胡狼）的血呢。"马克西依然固执。

"以前人们是那么

认为的，”奥尔格纠正他，“但我们所有狗的共同祖先都是狼！其他野生犬科动物，就算长得像狗的动物，无论胡狼、郊狼、豺、非洲野狗还是狐狸，统统都不是我们的祖先。”

“那我怎么会和胡狼一样有着狭小的头部呢？”马克西穷追不舍。

“最近学者们很热衷于对胡狼的研究，”奥尔格回答，“胡狼的脑重量比家犬的脑重量轻得多，家犬脑重大约100克。而作为家犬祖先的狼，在同等体重下，脑重量有

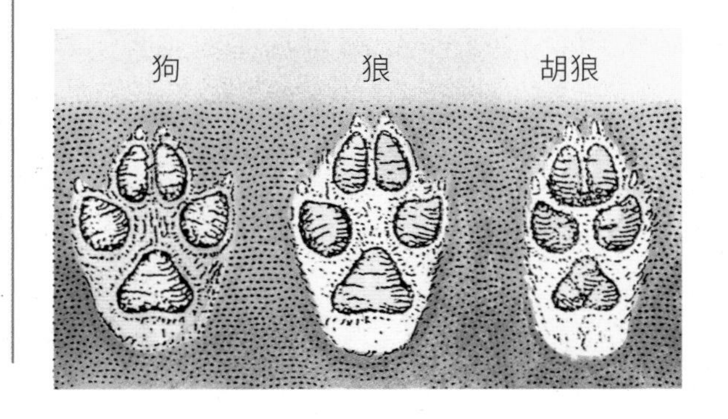

150克。要知道，还从来没有过家畜比它野生的祖先脑重量更大的例子！”

马克西接着说：“那这么说来，我们的祖先中要剔除胡狼了。”“一点不错，”奥尔格肯定地说，“狼和狗在头颅和牙齿特征上的一致性比胡狼与狗之间的一致性高得多。这种一致性还表现在血液特征、心脏重量、不同行为模式以及遗传物质中的某些特质。我们稍后再说说你那狭小的头颅。如果我们狗类有什么特点值得骄傲的话，那就是狗是人类驯养出的第一种动物。人们把这个过程叫作驯化（拉丁语 *domesticus* 的原义是属于家里的成员）。狗的驯化是很早很早就开始的事！更准确来说已经有至少16 000年历史了。在德国奥博卡塞尔的一个旧石器时代墓穴里，人们发现一对夫妇尸骨旁边还有一副狗的骨骼。聪明的学者们仔细研究了墓穴里保存完好的我们祖先的下颌骨，发现里面并没有最前面的两颗前臼齿（图中P1和P2）。而狼一直都有这些牙齿，因为对要狩猎的狼来说，这些牙齿对它们的生存至关重要。所以研究者确信，石器时代人类在通向天国的旅程中仍然执意带在身边的动物，绝不会是一只牙齿尚未发育完全的小狼，而是他们一向最钟爱的宠物狗。”

“可怜的家伙肯定不是自愿去陪葬的吧。”马克西说。

“当然不是，”奥尔格说，“也许当时人们把狗看作灵魂的伴侣。埃及的伊西斯女神在超度灵魂的时候也让一只狗作陪。后来许多其他民族也有类似的信仰。阿努比斯也会作为亡灵黄泉之路的引导者，以期

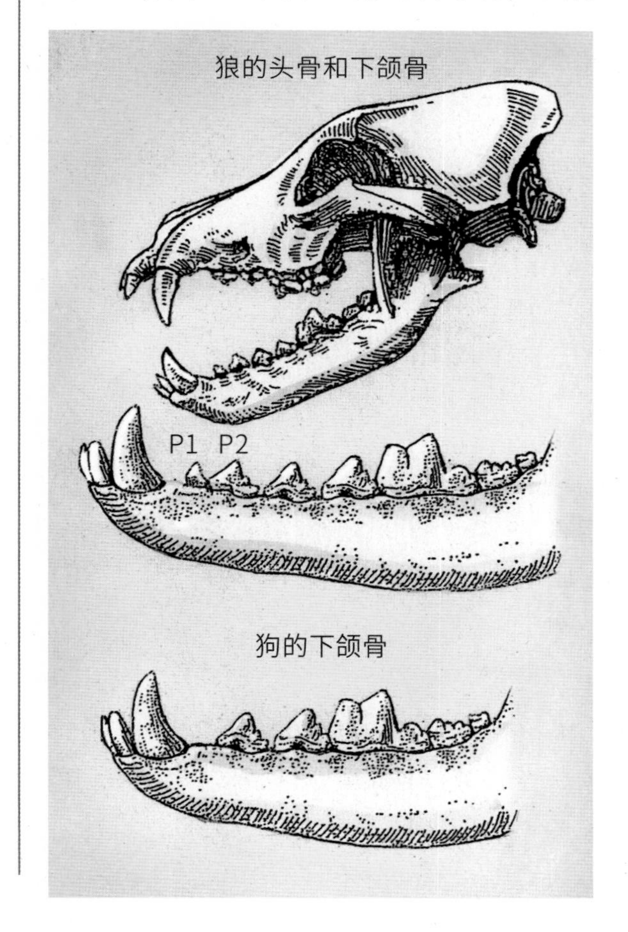

在地狱中能够慰藉死者的灵魂。

“让我们再回到前面说过的前臼齿吧。这样重要的牙齿不可能说没就没，在这之前，狗肯定已经进化了不少时间。而至于这段时间到底有多久，我们无从得知。但有一点是肯定的，这个被人们称作‘突变’的变化，其结果已经牢牢进驻犬类的基因遗传程序从而代代相传。学者为了确切了解这种情况，研究了超过500头狼的下颌骨。它们全都有前臼齿，无一例外。既然狼的嘴里都没有缺少这些牙齿，那么这种进化过程就是异常的，也就是所谓的反常现象。反常现象的出现往往又是驯化中的典型现象，原因多种多样。大自然就是如此，没有用到、没有训练到的器官就会慢慢退化。”

“真是不可思议，那些骨头侦探能从古老的骨骼化石里发掘出这么多重要的信息。”马克西惊讶地说，“可为什么我们的祖先突然就不用这些牙齿了呢？”

“咱们可以用人类的饮食习惯来解释，人类很早就开始用火作为热源来烹制食物，无论是煮过还是煎过的肉类对于人和狗来说都更容易咀嚼。你想想看，我们教授在烹制自己最爱的食物——布列塔尼猪肚汤时要用小火煨好几个小时，最后入口时有多么软糯呀。人类学会使用火之前，他们强壮的颌骨里长着比现代人更大、更强劲有力的牙齿。大型类人猿，比如红猩猩、大猩猩和黑猩猩也是如此。”

马克西叹了一口气：“我其实还是更喜欢生啃牛骨头。”一说到这儿，他不自觉地舔了舔嘴。

“我们的骨骼专家能通过对后来的狗，比如德国狐狸犬的骨骼分析还原出我们祖先的骨骼形状，”奥尔格继续说，“它们的牙齿，就像所有其他野生犬科动物一样，都是钳式咬合，只有这样，我们才能咬死跳蚤。其他种类的剪式咬合则是反常现象！”

“那么这两者之间到底有多大区别呢？”

“很简单，”奥尔格回答，“钳式咬合的上牙和下牙是完全对齐咬合的，就像一个夹紧的钳子。剪式咬合就像人类一样，上牙齿是包住下牙齿的。尽管如此，人们要求纯种狗有着剪式咬合，这显然是违反自然的，也是一种错误的要求！”

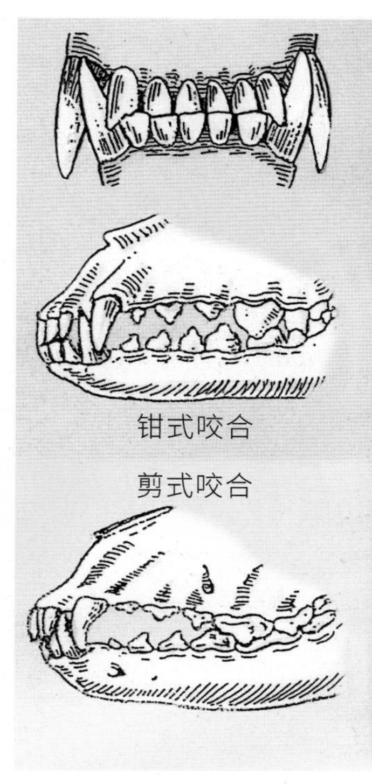

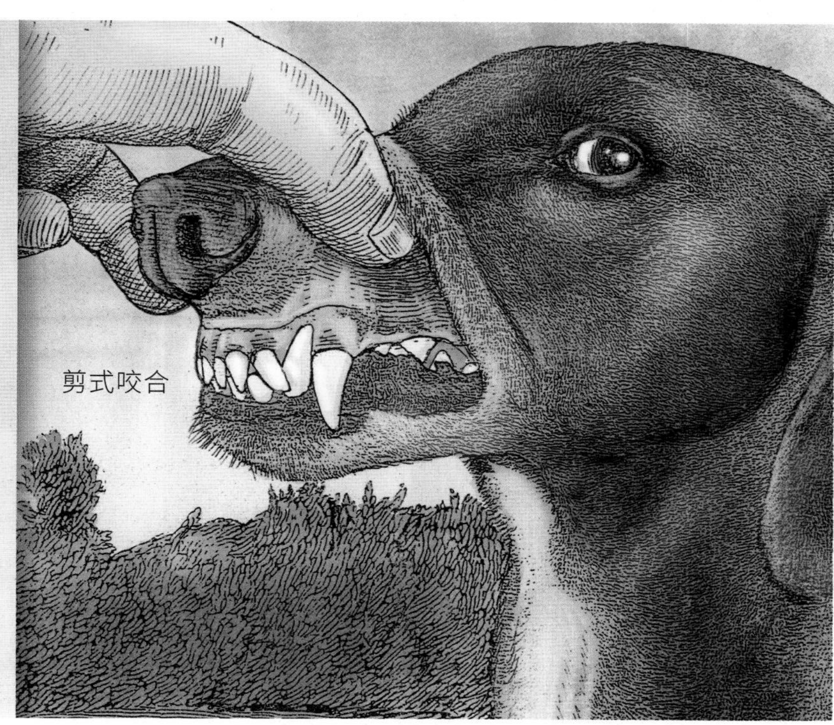

“别再说跳蚤了，弄得我觉得浑身痒痒。”马克西打断她的话说，“那德国狐狸犬到底是怎么来的？”

“在瑞士一个木桩子的淤泥中，人们找到了新石器时代狗的骨骼。骨骼显示那是一种身材瘦削的中小型动物，特别像今天的狐狸犬（德国狐狸犬中个头最小的玩具狐狸犬就是国内常见的博美）。它们当年在整个欧洲随处可见。规模类似于今天生活在澳大利亚的**澳洲野狗**，或者生活在亚洲和非洲的**流浪犬**。当地人把它们叫作**巴仙吉犬**。它们最出名的是会发出嗤嗤笑声和用假声哼唱。它们都不是纯种狗，而是家犬最原始的品种和形态。人们正是通过饲养它们，进而培育出不同的纯种狗。德国狐狸犬和狼一样还有着竖起的耳朵，你不是也能把耳朵竖起来吗？和狼相反的是，德国狐狸犬有着卷卷的尾巴。到了青铜器时代，它的体型渐渐变大，后来变成了中型和中大型犬。”

“这太有意思了，”马克西说，“我大部分来自西班牙的朋友们都有着卷卷的尾巴。”

“很有观察力，”奥尔格说，“如果你再进一步观察，你肯定会发现，这些卷尾巴如果从后面看起来总是往右偏，也就是所谓的顺时针方向。尾巴转向的特征在德国狐狸犬的基因里肯定已经固定了下来，和狗主人家里有没有时钟一点关系也没有。在欧洲是这样的，而在印度、东南亚甚至非洲，所有这类狗的尾巴又常常向左方卷起。”

“这一点确实有人研究过吗？”马克西疑惑地问道。

“那当然，”奥尔格回答说，“我们教授就研究过。前不久，他在慢跑时遇到了一只**澳大利亚牧牛犬**。这种狗的身体里流淌着澳洲野狗的血液，后者与美国的卡罗来纳犬接近。澳洲野狗和其他大型纯种狗总是高高竖起尾巴，尾巴的末端会朝着头的方向微微卷曲。野生犬科动物不是这样的。然而令教授大吃一惊的是，那只澳大利亚牧牛犬的尾巴明显向左边弯曲，和前段时间来拜访过我们的巴哥犬一样。”

“也许是这样的，因为**巴哥犬**源自中国，所以尾巴还向着古老的东方旋转。”马克西说，“我曾认识一只来自中国的狗，它的品种是**沙皮狗**，尾巴也是向左边弯的。”

“可不是吗，”奥尔格继续补充说，“教

授第二天马上给他认识的哈巴狗研究专家乌舍·阿卡曼打电话。她家里也有一条名叫亨利爵士的巴哥犬。几年前他们还引起了一段不小的风波。乌舍·阿卡曼带着盛装打扮的小狗，把想卖掉生病小狗的可疑饲养人告上法庭，并打赢了官司。亨利爵士一举成名，甚至有了个人主页（大家要是感兴趣可以去 www.mopssirhenry.de 看看）。教授从这位哈巴狗专家那里得知，巴哥犬的尾巴也明显有一致的旋转方式。有时候向右转，有时候则按逆时针方向转动。乌舍大笑着说，显然，对一些个性固执的狗儿，还不能根据它们的具体生活地来判断尾巴转圈圈的方向，比如狐狸犬和流浪犬，尤其是街头的野狗。教授则更科学地总结说，也应该忽略掉地球自转偏向力。”

“地球自转偏向力又是什么东西？”马克西迷糊地问道。

“这是地球自转造成的，它会影响除赤道之外所有运动物体的方向。”奥尔格解释道，“如果我们在北半球给浴缸放水，那漩涡会呈顺时针；如果在南半球则相反。”

“再说下去，转圈的事儿要把我彻底绕晕了，”马克西叹了口气，“我觉得咱们应该换个话题了。”

Canis lupus

每只狗都是塌耳朵吗？为什么狗会有这么多种类？

“既然我和狼都有着漂亮的立式耳朵，为什么你的耳朵是耷拉下来的呢？”马克西问圣伯纳犬，“我可从来没有见到过一只塌耳朵的狼，就像我也没有卷尾巴一样。这一切都把我和狼紧紧联系在一起。”

“塌耳朵不过是我这个品种的一个特征，正如法老王猎犬都有你这样的立式耳朵一样。”奥尔格回答。她边说边有力地摇着头颅，把自己的耳朵扇来扇去：“人类在对我们驯化的漫长岁月中确定了很多不同品种的特征，根据这些特征他们不断地培育出新品种。他们改变了我们耳朵和尾巴的造型。繁育者更重视有实际用途的特征，这样他可以将我们用于不同的场景！所以他们会说到‘有用处的犬’🐾。”

“这说法听上去真蠢，”马克西脱口而出，“为什么狼都竖着耳朵？”

“狼当然得让耳朵竖着，因为它们狩猎需要敏锐的听觉，从而能够迅速对声音方向进行定位。它们之间还通过众所周知的狼嚎进行沟通，通信距离可远达数公里。古老的因纽特人和大自然特别亲近，他们甚至能听懂部分狼语。他们能通过狼的嚎叫声辨别出当时路上经过的是一名拉着狗雪橇的本族人，还是一位拖滑雪车的陌生人。”奥尔格解释说。

“这没什么可大惊小怪的，我都可以不见其人，光通过脚步声准确判断来者到底是邮差、邻居还是陌生人。”马克西说，“尽管如此，我还是很诧异，从狼怎么可以进化出这么多不同品种的狗呢？”

奥尔格点点头：“其实你没有见过所有的狼的亚种啊。从北美到欧亚大陆再到日本，整个北半球就有大约35个亚种。阿拉斯加的东加拿大狼，体重甚至超过70千克。而体重只有18至20千克的阿拉伯狼和

🐾 我们不会像很多人一样将人类的忠诚朋友称为“有用处的犬”（Gebrauchshunden），而是会尊称为工作犬。

它的美国近亲相比，体型就小巧多了，也不需要那么厚的皮毛。爱斯基摩犬就是从东加拿大狼演化而来的。**狮子狗**和**松狮犬**的身体里肯定流淌着中国狼的血液。而我们圣伯纳犬则属于另一类大型犬，这类里面还包括**巴哥犬**和**纽芬兰犬**。我们身上很有可能有印度狼（不过也有人说印度狼是一个独立的物种）和欧洲狼亚种的基因。而灵缇（又称为灰狗）和意大利灵缇，又如**萨路基猎犬**和**惠比特犬**则是由印度狼进化而来的。你的身体里也许流淌着阿拉伯狼的血液。**牧羊犬**、**银狐犬**和**㹴犬**可能以欧洲狼为共同的祖先。在古希腊罗马时期，人们为了残酷的马戏表演和战争的需要专门培育出体型庞大的**斗牛巨獒犬**。它在驯犬项目和其他品种狗的出现上无疑扮演着重要的角色。”

“斗牛巨獒是什么？”马克西问，“我还从没有见过这玩意儿呢。”

“你以后也见不到的，这个古老的品种很早以前就已经灭绝了。在古希腊伊庇鲁斯，它们是一个族群，”奥尔格解释说，“古希腊哲学家亚里士多德曾经这样描绘过它们：‘伊庇鲁斯的莫洛细亚有一种狗，它们和勇士形影不离，凭借强壮的身躯和充足的勇气无惧任何野兽。’”

“那它们为什么灭绝了？”马克西刨根问底。

“人们认为它们和现代的獒犬最为接近，”奥尔格说，“亚历山大大帝出征时都带着它。在尼尼微，公元前7世纪亚述帝国亚述巴尼拔的宫殿里的浅浮雕上，你就可以看到这让人叹为观止的场景。我们圣伯纳犬应该也是这种犬的后代。它们当年的气势和规模随着罗马疆土的扩张而盛极一时。随着罗马帝国的衰败，它们最终也渐渐淡出人类历史的舞台。在大约250年前我们圣伯纳犬从大丹犬等大型犬类中培育出来，和灵猩从流浪犬中培育出来一样。如果我们仔细对比流浪犬的头型，就会发现能从不同头型的流浪犬里培育出来不同的犬种。当然，即便同一种类的狗，比如纽芬兰犬，也会因为培育的时间不同，而出现不一样的头型。”

马克西似乎想起了什么：“我可能就曾见过某一类獒犬。我在西班牙的一位朋友想用狗看守大庄园别墅。那可绝对是个庞然大物，当第一次听到它的叫声时，我吓得不轻，还以为是隆隆雷声呢。但是，无论是在沙滩上玩耍，捕猎鸲鸟，还是玩叫醒海鸥的恶作剧游戏时，它的动作都迟缓笨拙。假如要靠捕猎兔子填饱肚子的话，我估计它早就饿死了。”

“是的，”奥尔格说，“你怎么指望一只重达80千克的大家伙能灵巧地逮住兔子呢。这就是人们要培育不同犬种的原因。所有种类的狗都有各自的优势和特质，人们不可能把优点都集中在一只狗身上。不然，就会出现传说中的魔鬼狗了！”

极端培育
狗吠并非天生

“魔鬼狗？”马克西问道，这个词让他既好奇又恐惧。

“是的，”奥尔格回答，“如果人们在培育狗狗时过分近亲繁殖的话，就可能产生这类可怜的生物。”

“真有这样的事吗？”

“我来给你举个例子吧。”奥尔格说，“如果繁育者过分追求矮种狗身材的娇小，他就总是让一胎产下的幼崽中身材最小的几个继续近亲繁殖。早在罗马帝国时期，也就是大约公元前1世纪到公元3世纪时，培育身材特别小巧的犬类就成为一种时尚。在位于下莱茵河克桑滕的一个古罗马墓穴里，人们发现了一只体型极小的狗的骨架。它的马肩隆高，也就是从脚趾到肩膀的高度大约有17厘米。与之相比较，**吉娃娃**和**约克夏㹴**高度大约为15至20厘米，而**马尔济斯**（**马耳他犬**）有20至24厘米。后者生在达尔马提亚的小岛，就是今天位于克罗地亚杜布罗夫尼克西北的姆列特岛上。”

“啊哈，我懂了，”马克西开玩笑说，“超级迷你小狗，作用相当于一个暖水袋。”

奥尔格很确定地说：“在一些关于狗的专业书籍里，还说马耳他犬是根据小岛马耳他命名的，这种说法是完全不正确的。”

“但是你这么肯定？”马克西很惊讶。

“我也是从教授那儿得知的，”奥尔格

缓慢地说，“他爱给那些对纯种狗很狂热的人讲述这些故事，那些家伙一谈起自己的纯种狗就一副自满到爆棚的样子。有时候，教授还会援引古罗马诗人马提亚尔的诗句，这是一首形容一只叫作‘伊萨’的矮种母狗的小诗：

伊萨，灵巧胜过卡图卢斯笔下的麻雀
伊萨，纯洁胜过鸽子的吻
伊萨，珍贵胜过印度的珍珠
她紧紧蜷缩在你的脖颈上睡着了
而你甚至都听不到她的呼吸

“有一种迷你品种的小型哈巴狗，它们是阿兹特克人培育的，最小的上秤还不到1磅🐾呢。

“这些小生灵可以在人的手心上跳舞。但经过这种选择性培育后，小可怜们都付出了高昂的代价。它们极容易患上先天性心脏病、囟门闭合不全、骨折、糖尿病、痉挛等疾病，膝盖骨还会经常错位，于是小可怜们不得不去做膝盖骨脱臼手术。”

“什么是囟门闭合不全呢？”马克西很想知道，“这种情况只在体型最小的狗出生时才出现吗？”

“每个哺乳动物在出生之前，它头顶的头盖骨上都有一处没有彻底闭合，这处缝隙人们称之为囟门。”奥尔格解释，“如果是因为基因缺陷囟门始终不能闭合，就被称为先天畸形。一般来说，这样的小生物根本就活不下来。这种过度的培育方式的另一个极端就是驯化出体型极其庞大的**大丹犬**，它们雄姿勃勃的身形让自己的主人无比骄傲。它们也就把自己当作‘狗中的美男子’。在全世界的大型犬中，来自美

🐾 1磅约等于453.6克。

国亚利桑那州的巨犬乔治被载入了吉尼斯世界纪录，而且它还有以自己名字命名的网页（www.giantgeorge.com）。它重达111千克，从肩到脚的高度为109厘米，而从鼻尖到尾尖的距离则有220厘米。通常来说，大丹犬的重量为45至60千克。它们衰老得非常快，也存在心脏问题和骨骼疾病。”

奥尔格说完沉默了，她翻了个身，往壁炉边靠了靠，让自己的左边臀部离热源更近了一步。她畅快地打了个哈欠，这也相当于给马克西一个信号，她已经准备好继续畅聊下去了。

“我觉得这种所谓的吉尼斯世界纪录之类的东西太蠢了。”马克西继续，“有一天我一下午就逮了三只兔子，我可没有把这些英勇事迹写到书里永世流传。那么，人类最早培育的种类到底是哪些？”

“在驯化最初，人类还是猎人和采集者，他们后来才开始畜牧和耕种。”奥尔格解释说，“所以，在最初培育品种中，人类看重的是我们的狩猎本能和不同的狩猎本领。第一批培育品种肯定是重点培养它们的狩猎天性。在撒哈拉沙漠地区，很多新石器时代的岩石壁画都记录了狗作为狩猎帮手的场面。前不久，德国考古学家就在土耳其东南部靠近尚勒乌尔法的哥贝克力石阵（Göbekli Tepe）的神殿遗址中发现一幅狩猎中的狗的图画。这座有着12 000年悠久历史的神殿是世界上最古老的文明遗迹之一。而永远铭刻在石灰岩板上的狗的形象成为被驯化动物的图形证明。前不久，有人将这张照片寄给教授。他把照片放在了茶几上。”

“我的天！”马克西惊讶不已，“就是这两只高高竖起尾巴的小不点追在一头野猪后面的情景！前面那只的尾巴比另一只更短，它看上去就像对着我大声吠叫。而且它们俩还是小短腿。我们的祖先不应该是这个样子，至少它们也该有着耷拉下来的耳朵。”

“你的嘲讽可戳中了纯种狗培育历史上的痛处。”奥尔格回答，“之前，人们尝试通过所发现的青铜器时代的遗骸来建立它们的谱系。可惜这些科学家在命名时太过随意，以至于错误的家谱就这样代代流传了下来。

“这些错误的谱系关系至今还在培育圈里流传，最后只剩下一句座右铭：种系越老，价格越高。在石器时代，为了保卫狩猎营地或者茅舍，人们需要警惕性非常高的守护犬，它们能通过叫声提醒人们即将到来的危险。但犬类首先要被培育出叫声来，狼是不会吠叫的。狼群中小幼兽会发出很短的叫声，意思是：‘快来！帮帮我！’而母狼为了警告幼崽，最多只会发出一声短促的‘嗷呜’，接着幼崽就会像闪电一样消失到洞里。非洲野狗和澳洲野狗也是用这样短促的叫声警告危险。即便人们把澳洲野狗的幼兽硬塞给别的母狗养育，它们也从来不学习如何吠叫。和西格陵兰的雪橇犬相比，东格陵兰的雪橇犬只会嚎叫，不会吠叫。当东格陵兰雪橇幼犬被西格陵兰雪橇犬养大了，它也学会了吠叫。显然，以前的人类对于动物有更准确的了解，所以能充分利用它们自身的特质和个性特点因材施教进行培育。如果想要把狐狸或者獾从它们的洞穴里逼出来，獒犬是不能胜任的。而所谓‘小短腿’**腊肠犬**或者说猎獾犬就刚好适合。即便同样是腊肠犬，**刚毛腊肠犬**也比**长毛腊肠犬**的狩猎本领更强。后者与其在狐狸或者獾那纵横交错的洞穴里穷追不舍，它们更愿意被人抱在怀里抚摸。在兽医那里长毛的红色腊肠犬可不太受欢迎，因为它们像鳄鱼一样张口就咬。早在3000年前的埃及，人们就培育出像腊肠犬一样短腿的狗，到了罗马帝国时期，这些狗无论在性格还是外在形态上又有了新的改变。

“让我来总结一下吧：人类根据自己守护、狩猎或者爱抚的不同需要，培育出不同品种的狗并让其承担一定的工作，而且

这是两张 20 世纪初巴伐利亚的明信片。左：“腊肠犬！”右：“最地道的啤酒属于我们！”

这些有用处的犬还需要接受各种各样特殊的培训。”

“我还是觉得把我们称为‘有用处的’这种说法太蠢了，”马克西嘟嘟囔囔地说，“我们毕竟不是东西！”

说完马克西陷入了沉思。他理解了什么是繁育。但还有些东西是他绞尽脑汁都不太理解的。

“通过人工培育，大自然里出现了新的家畜种类，就像随着时间的流逝，大自然的进化同样会带来新的野生物种一样。那么人类的驯化过程不就代替了大自然进化的历程了吗？”

“哦，不是这样的。”奥尔格反驳，“之前，真有科学家设想人类的驯化过程也等同于大自然进化的一种模式。但这种设想不对。因为通过驯化根本没有产生任何新物种，而只是产生了新品种。按照树形宗谱图，它们都源于一个物种。对于我们狗类来说就是狼，而人类也都源自一个物种。所有人，无论他的外在如何，都属于同一个物种。在达尔文时代，人们还认为物种是‘上帝创造出来的个体’，它们在身体特征和基因特征上必须是一致的。也就是说，当时人们认为不同肤色的人属于不同的物种。”

“等等，慢点来，”马克西咕哝着说，“好让我能理解清楚你的意思。那么假设我把**吉娃娃**和一只**大丹犬**放在一起的话，尽管它们有着天壤之别，但终究归于一类，是这个意思吧？”

“是的，尽管两者之间差距悬殊，但它们在一起却可以繁衍共同的后代。”圣伯纳犬回答，“所以，按照现在生物学的观念，只要两个个体能通过自由选择，成功自然地繁衍出后代，而且后代还可以继续繁衍，那它们都仍属于同一物种。”

“我实在弄不懂。”马克西说。

“那好，听好了，”奥尔格回答，“为了搞清楚大自然进化的关系，人们以前在动物园做过让狮子和老虎交配的实验。这两者交配后诞生出‘狮虎兽’。”

“但这既不符合自然规律，也不是双方自愿的行为，”马克西打断说，“后代还能繁衍吗？”

“不，根本不行，”奥尔格肯定地说，“这完全类似于人们让两个物种，比如马和驴子生出骡子，骡子也一样不能再继续繁衍了。人们在狼和亚洲胡狼，或者郊狼和亚洲胡狼身上也进行了这样的杂交。在野生环境里，狼和亚洲胡狼根本无法配对，尽管两者在欧亚大陆的活动范围有一定的重合。美国只生活着郊狼，而没有胡狼。”

“它们的杂交没有结果吗？”马克西问。“是的，”奥尔格说，“尽管人们曾经一度传说在北美出现科伊狗是郊狼和狼或者和狗杂交的品种，后来谜底揭开，证实不过是纯粹的体型更大的郊狼而已。”

“我慢慢弄明白了，我身体的血管里绝对不可能流淌着胡狼的血液。”马克西叹了一声后说，“再见了，阿努比斯。好吧，那说说看，我们狗类到底从这种驯化过程中得到了什么好处呢？”

“好处显而易见，”奥尔格阿姨说，“你看到了吧，现在全世界范围内家犬数量庞大，光在德国就有大约550万只。而狼的生活空间和数量都不断地被压缩、减少。从进化论的角度上来说，我们家犬实际上相当于找到了一个生物学上的小生境🐾，我们家族里的每一位成员对此都不会有异议吧。”

🐾 小生境（ecological niche），又称生态位、生态区位，小生境是一个物种所处的环境以及其本身生活习性的总称。每个物种都有自己独特的小生境，借以跟其他物种做出区别。小生境包括该物种觅食的地点，食物的种类和大小，还有其每日的和季节性的生物节律。

澳洲野狗幼崽

我们祖先的小爪子

狼是狗唯一的祖先吗?

奥尔格在和马克西解释了这么长一通后显然有些疲乏了，马克西可还正听在兴头上。他很惊讶，原来关于自己的物种里面有这么多的学问。

圣伯纳犬喘着气，把大脑袋无精打采地支在前脚上。突然，她又抬起头来："哎呀，我差点忘了一个非常重要的问题，这个问题是涉及许多品种的。"

"噢，你这样一说我又来劲了，现在该换谁和谁杂交了？"马克西一下子支棱起他的尖耳朵。

"我们的祖先狼的后代在很短时间里就壮大成拥有400个不同品种的大家庭了。它们就好比星星之火，最后成了燎原之势。人们很好奇的是，到底这后面是什么在添火加柴！"奥尔格继续说。

"要是你靠壁炉再近一点的话，下一个被点燃的就是你哟！"

"是近亲繁殖。"奥尔格说。

"你能重复一下吗？"马克西追问。

"假如人们总是让一个家庭里的兄弟姐妹交配，或者让子女反过来和父母交配，就是近亲繁殖。"奥尔格很耐心地进一步解释着，"30年前教授还是兽医时，动物行为学研究者埃伯哈德·特勒姆还找他治疗过。"

"你是说找他治疗自己家的狗吗？"马克西笑嘻嘻地说。

"当然了，你这个明知故问的小滑头。"奥尔格回答说，她有点愠怒。

"对不起，你别这么小气嘛，我只是开

个小玩笑。”马克西说。

“这位学者让同一窝中的两只澳洲野狗交配，”奥尔格阿姨继续说，“而这一窝其实也只有两只幼兽。它们的颜色不是澳洲野狗常见的棕黑色，而是一种亮银灰色。可惜第一窝中只有母的活了下来，而且颜色变成了淡黄色，有点像贵宾犬的杏色。这也是一次遗传的颜色突变。这只名叫阿塔的母犬体型非常小，成了一只小型澳洲野狗。而且它是一只性情非常活泼热情的狗，即使面对陌生人也很友好。要知道，通常澳洲野狗看到陌生人会特别害羞！然后，母犬又生下了第二窝，这次的三只小母狗体型又小得出奇，但毛皮的颜色是正常的。而小公狗的体型是正常的，颜色是亮银灰色。”

“为什么会出现这么多差异？”马克西问。

“原因是多方面的，”奥尔格阿姨说，“因为即便只是两代，都能在体型、毛色和个性，甚至体能上产生特别明显的区别。”

“事实上这个过程进行得非常快。”马克西很惊讶地说。

“还有呢！”奥尔格神秘地说，“动物行为学家特勒姆还是一个非常细致的观察者和优秀的画家。他发现阿塔的脚趾和其他澳洲野狗的不一样，并把其形状仔细地画了下来。”

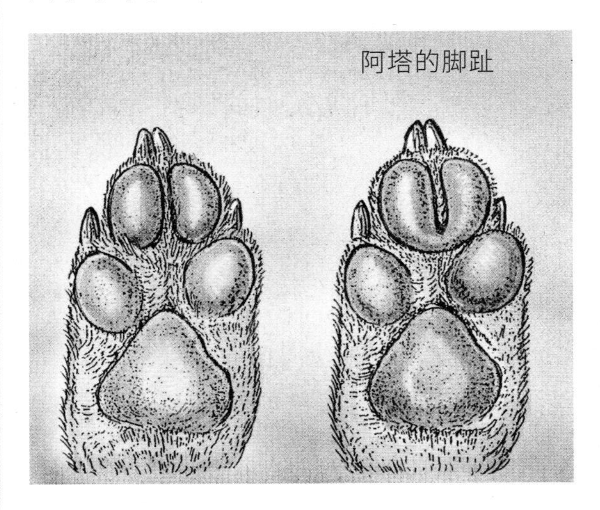

“那这到底是如何出现的呢？”马克西急切地问。

“这就是所谓的返祖现象啊，”奥尔格解释说，“阿塔这个名字就是从拉丁语‘祖先’这个词来的。返祖现象是一个标志——所有野狗都有着一个共同的祖先，它们的祖先身上就带有这个特征。在进化的过程中，这个特征慢慢地消失了，但是它始终潜藏在它们的基因中，到了某一代又会突然显现出来。”

“其他动物的身上也会出现这种情况吗？”马克西问。

“当然，”奥尔格说，“所以普氏野马和非洲野驴在肩部有交叉纹路，腿部有条纹。这点和家马以及家驴一样，就因为它们共同的祖先都有条纹。貘和野猪，甚至包括某些品种稍古老的家猪在刚出生第一周时身上也有条纹。美洲狮刚出生时身上也有像小猫一样的斑点，一般过了半年后就慢慢消退了。每个家族的祖先都通过这种方式在和它们的子孙打招呼呢。”

“这些听上去都非常有意思，都是来自古代的故事。”马克西说，“以前的培育者早就不存在了，那么他们的狗或者说狗的种类也和他们一起消失了。”

“啊哈，不是谁老是说他身上流淌着胡狼阿努比斯的血液吗？”奥尔格阿姨调侃说，“历史教会我们许多东西。如果我们仔细研究狗和人类共同发展以及相互影响的关系，我们就能得到更多的信息。没有任何一种家畜能像我们狗一样发展出这么多品种。

“古埃及还有一位沙漠之神叫作赛特（Seth），他的头和你的简直如出一辙。在撒哈拉沙漠边缘距今达10 000年的壁画图案上，他就顶着一个猎狗的头。你是不是瞬间又恢复了作为法老王猎犬的优越感？所以呢，你根本无须考虑胡狼的问题。”

一种叫作粪便的食物
为什么小狗会吃便便？

“你还记得吗，奥尔格？”马克西开口说，“不久前，有位母亲带着小婴儿来拜访我们。那小家伙的味道实在太好闻了，和他嬉戏的时候我忍不住使劲嗅了嗅。你看到这位妈妈的举动了吧！教授也连忙用口哨声把我叫了回去，还轻轻拍了我一下以示警告。可我压根什么也没有干啊。我那位西班牙的主人可非常喜欢我亲他，当他抚摸我的时候，我还一个劲儿地舔他的手，他也一样欣然接受！”

“我闻到婴儿尿裤的气味也会按捺不住。”奥尔格说，“对于我们狗类来说，那简直就是香喷喷的点心。我们在第三世界热带地区国家的表亲可幸运多了，他们那儿压根就没有纸尿裤。”

“那可太美妙了，”马克西叹了口气说，“不管怎样，对我们来说是的。”

“可以这么说，”奥尔格说，“在非洲有个图尔卡纳部落，作为游牧民族的他们在生活中和狗很亲密。有时，他们的宝宝在大便的时候，为了避免错过，狗就趴在一旁等候。话说回来，那次你的鼻子尖都快伸到婴儿的尿裤里了。”

“我也不是有意的。”马克西回答。

“不用担心，反正也没什么不好。”奥尔格安慰他说，“有趣的是，动物行为学家认为我们还没睁开眼睛的小狗，就要把鼻子钻到妈妈的皮毛里，并借助它们的味觉来找到乳头。”

“理解了，”马克西说，“我们对还是小狗时黑暗中气味的记忆，会把自己吸引到纸尿裤上，而这对于人类来说很尴尬？那是不是人类小婴儿身上的奶味吸引了我们呢？”

“这也是完全有可能的，”奥尔格说，“那必须由动物行为学家做更多的实验和研究来证明。反正，一个满满的纸尿裤对我们来说是点心，却不符合妈妈们对清洁和卫生的态度，所以她们总会在第一时间将纸尿裤处理掉。以前，人们还不是用一次性纸尿裤，而是用布尿裤反复清洗的时候，妈妈们就知道我们对于尿裤的喜好了。那时候人们中间流传一句俗话，如果要形容一个人的贪婪，他们就会说：‘就好比狗看见了屎。’（在遥远的中国有句类似的话：狗改不了吃屎。）就是到了现在，在亚洲和非洲的游牧民族，还有因纽特人所在的地方，就是这些与我们欧洲不同、桌上还不会铺上桌布的地方，狗不仅会吃掉人类的食物残渣，也会吃掉便便。”

“就算我那脏兮兮的嬉皮士主人，以前一旦抓到我这么干，也会把我大骂一通。”马克西回忆说。

“这种喜欢吃便便的行为被科学家称为食粪。人类非常反感这个行为，以至于就算交谈中也禁止触及这样的话题。”奥尔格说。

“主要是人类的鼻子太厌恶那玩意儿的味儿了，就好比我们不喜欢闻到氨水、乙醚、古龙水或者其他香水的感觉一样。”马克西继续说。

“所以年轻的妈妈一看到你去闻尿裤，她的反应就比较激烈。”奥尔格回答，“教授也说过一个有趣的故事。对于孩子们很喜欢当宠物养的豚鼠（又叫天竺鼠、荷兰猪）

和矮种兔子来说，它们吃便便是生存的必需，这和我们不同，因为它们大肠里的细菌能生产出对生存非常重要的维生素 C。如果不吃自己的便便，在无菌铁丝网箱里喂养的小兔子或者豚鼠会因为缺乏维生素 C 而死。假如我们的客人坚持说因为他给狗喂了合适的食物，所以他的狗从来不吃屎，我们教授就会引用一段古老的德国动物学家兼作家布莱姆的话：‘只要有可能，它们都会充满热情地啃食腐肉，无论多么有教养、被照顾得多么细致周到的狗，对人体产生的废物感兴趣是它们的本能。’他一般还会继续笑哈哈地说，欧洲的民间医生早已开出了白色的狗便便作为药物的偏方。”

“你是说我们因为主要啃骨头，所以排出的粪便是白色的吗？”马克西问道。

“正是，”奥尔格说，“民间医生们还专门在施洗者圣约翰节前夜（Johannistag，一般在夏至附近点燃篝火庆祝）收集被太阳晒干的白色狗粪便（又称为希腊白，是希腊人最早这样使用白色狗粪便的），认为这一天的便便可以作为治疗肺结核、哮喘、发烧、肿瘤和溃疡的药物。”

“这太有趣了，”马克西说，“那我和我的小伙伴每次在沙滩上过完烧烤周紧接着就可以开家药房啦！”

“许多考古学家认为，这曾是德国狐狸犬的一个重要任务。它们在猎人和采摘者的木屋周围用吃便便的方式来保持生活区的干净，”奥尔格解释说，“不然人们就没法摆脱那些可恶的老鼠了。”

“我一直以为抓耗子是猫的任务呢。”马克西说。

“我们的祖先抓啮齿类动物的时候还没有猫什么事儿呢，”奥尔格回答，“它们在很久以后，大约公元前1900年，古埃及中王国时期才成为家畜。它的原始种类是野猫。”

“好的，”马克西说，“但有一点我一直不太理解。为什么小兔子和豚鼠一个劲儿地吃自己的便便，孩子们还是宠爱它们，一直抚摸它们？而我们凑上去闻一闻纸尿裤，就会挨主人一通骂呀！”

“我们的教授有他自己的理论，”奥尔

格继续说，“他认为我们狗类无须违背天性。我们为什么会觉得粪便的味道非常美妙，是因为里面含有一些气味元素，包括消化过程中，蛋白质分解所产生的气味，甚至包括肉类腐烂的味道。这些在学术上称为粪臭素。教授觉得这些对我们家族是非常重要的。我们本来就是食腐的动物，如果我们根本闻不到腐烂的气味的话，狼就找不到这些食物，就会很早灭绝。就算是百兽之王狮子，也更愿意吃腐肉，而不是费劲地追逐一匹斑马。熊的鼻子则能闻到方圆7公里左右的腐肉。

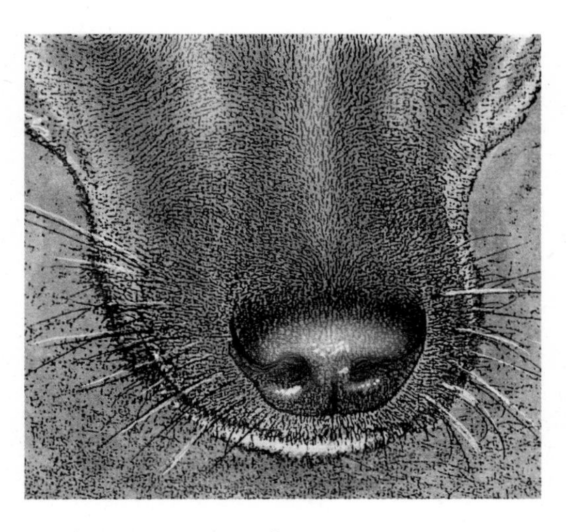

“易洛魁人有一句著名的谚语：‘当一片叶子从树上落下来，老鹰看得到，郊狼听得到，而熊闻得到。’”

“也许我们狗类对这种重要的气味会不断地加深记忆，当主人带着我们上街溜达的时候，我们就会使劲寻找各种粪臭素。”马克西说。

奥尔格顺着他的话题继续说道：“如果有一位涂着昂贵香水的女士对这种情况露出厌恶神情的话，我们的教授也准备了一套辩词。”

“这下我可好奇了，想知道他会用什么来为逐臭辩护。”马克西急切地问。

“知道吗，尊贵的女士，”奥尔格学起了教授的腔调，“人们还能人工生产出这种粪臭素。而且一旦我们把这个味道稀释得够淡，你会发现，它对人们的鼻子来说也有一点点像茉莉花香味。所以香水业也使用它。再说了，您每吃一口煎猪排时也会摄入这个成分，因为粪臭素就分布在动物的脂肪里。”

“哇噢，太棒了，”马克西说，“所以素食主义者身上没有香水味，而只有肥皂味。”

惹祸的吻
狗会和人得一样的病吗?

“再次回到你刚才的问题，为什么人们要把我们狗类和兔子以及豚鼠区别对待呢？”圣伯纳犬开始解释，“助产士们都谨记一则古训，狗和孩子不能一起养大。你想想看，小狗一天到晚把鼻子到处伸，吃各种各样的废物残渣。从人类的角度上来看，这种顾虑是完全有道理的。”

“所以那位年轻妈妈的反应才会那么强烈。”马克西补充说。

“正是，”奥尔格进一步加强语气说，“婴儿和小孩子的免疫系统还没有发育完全，所以特别容易感染病菌。比如沙门氏菌会让人得伤寒，最后可能腹泻致死。我们还会携带大肠杆菌或者其他肮脏的病原体，始终都有让小孩子感染的危险！正是这样，人们才不让狗舔小朋友，更不用说不是自家的狗了。”

“但是教授不是给我们吃药丸了吗？”马克西反驳。

“那些不过是针对寄生虫的药，”奥尔格解释，“狗和狐狸的绦虫卵会随着粪便传播，有可能进入人体的器官内，在里面长成葡萄状的囊泡，难以治疗。这种疾病甚至危及人类生命。而我们狗类肠道里携带的蛔虫幼虫能钻到孩子的眼睛里致盲。过去，人们还很担心狂犬病，为此我们必须经常打预防针。在路上，尤其是旅行中遇到的四处流浪的陌生狗很容易激发孩子们

的怜悯之心，但家长们一定要特别小心。切记告诉孩子们，和狗接触后无论如何都要彻底洗手！无人照料的狗身上很可能有虱子，会引发孩子的过敏症状。”

“啊哈，”马克西说，“现在我知道为什么教授一买下我就给我仔仔细细地清洁一番了，包括仔细检查清理很烦人的耳螨（耳疥癣虫病）。但还有一件事情我很感兴趣：假如我们的吻会给人类带来这么严重的后果，那反过来，人类的亲吻会让我们怎么样呢？你也知道，一个喜欢亲来亲去的人有多么讨嫌。我们狗会因为他们的亲密接触而生病吗？”

“这可真是一个有趣的问题。”奥尔格回答说，“在过去的几年里，学者们给出一个非常可靠的答案。在对家牛的驯化过程中，人们曾经对一种病毒感染一笑置之，即麻疹。可是直到今天，第三世界国家里还有很多孩子死于这种疾病。当西班牙人发现美洲新大陆时，他们把麻疹也带到当地，整个部落的印第安原住民遭到了灭绝。人们推测，大约在公元前3000年到公元前2500年，在底格里斯河和幼发拉底河之间的两河流域，也就是在人类历史上记载的最早大规模发展养牛畜牧业的地方，出现了牛瘟病毒。这种病毒和麻疹病毒非常相近，麻疹很有可能就是这样来的。通过对病毒进一步的研究，人们证实麻疹病毒出现于公元11到12世纪。然后过去了大约几百年，这种人类的麻疹病毒又传染到我们狗身上。而且这玩意儿到我们身上又发展成非常危险的犬瘟热病毒。第一例病例记载于1905年。我们狗类一旦得了犬瘟热，往往凶多吉少。大约60年前，人们第一次研制出针对它的疫苗，就是通过人类麻疹病毒生产的。”

“太幸运了，教授已经给我们打了疫苗，”马克西说，“我们不会感染犬瘟热了。如果世界上所有的狗都注射了疫苗，那这种病毒就会灭绝，是吧？”

“可惜事情远远没有这么简单。”奥尔格回答说，“科学家们认为，所有食肉动物都有可能感染犬瘟热病毒。研究者证明，动物园里的美洲狮和塞伦盖蒂野生动物自然保护区里的狮子死因相同。甚至鬣狗、鼬、浣熊、海豹和海豚都能沦为这种病毒

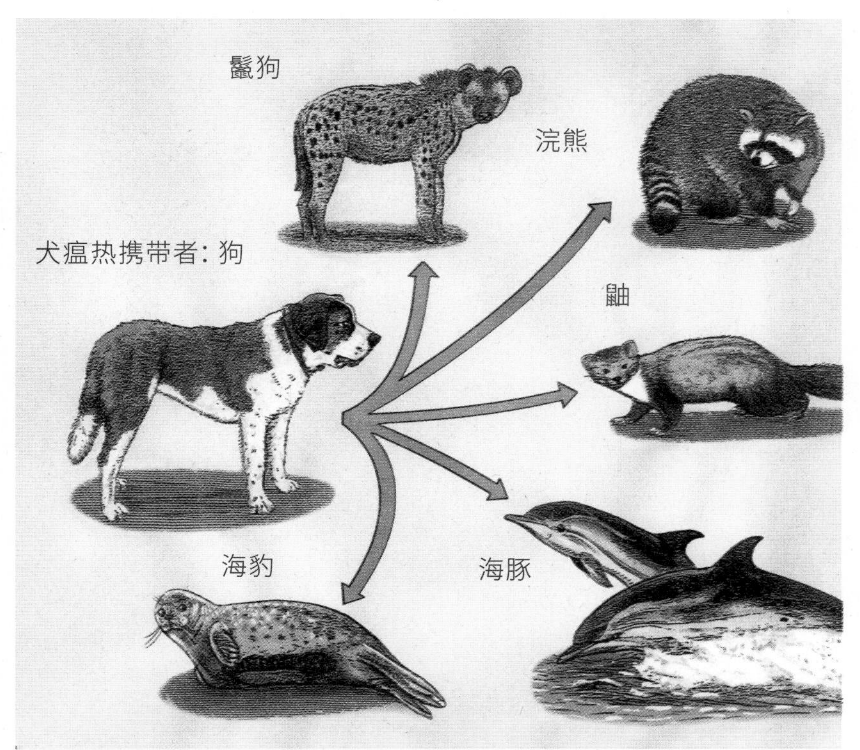

不会传播犬瘟热的，这你不用担心，即便他们咳嗽或者擤鼻涕，我们也不会轻易就被传染。喜欢和我们亲昵的人类不过是有点烦人罢了，但他们一点也不危险。”

的牺牲者。在南极，雪橇犬将这种病毒传染给了一种海豹——食蟹海豹，结果导致海豹大规模死亡。前几年，北海和波罗的海出现的大量港海豹死亡事件、贝加尔海豹流行病感染死亡事件归根到底都是由于犬瘟热病毒造成的。因为感染了犬瘟热，美洲黑足鼬和塔斯马尼亚的袋狼彻底灭绝了。位于阿穆尔湾和乌苏里湾的西伯利亚虎被观察到有神经系统上的疾病，可能和犬瘟热病毒也脱不了干系。

“你猜测的也没有全错。人类的亲吻是

塔斯马尼亚袋狼

Führerschein

für

Hunde

α

养狗执照

给动物头领的执照
如何对狗进行教育?

奥尔格用仿佛电影中一样的慢动作朝着壁炉挪去，接着浑身使劲抖了一下，耳朵拍打着头部两侧啪啪作响。当她伸展四肢的时候，又低低呻吟了几声。

“悠着点儿，”马克西提醒她说，“可别忘了你的髋关节！”

圣伯纳犬低声嘟囔着，沿着书架笨拙地前进。走到角落饮水盆旁边低下头的时候，她又轻轻嘟囔了一句。

“为什么每次去喝水的时候，你老在那儿念念有词？”她回来的时候马克西问她说，“水不够新鲜还是不够凉啊？”

“不是水的问题，当然，水要是更新鲜一点最好。”奥尔格抱怨说，“书架那儿有一本书，是教授最喜欢对他的客人们谈的书，书名是《主人与狗》，写的是田园生活。”

“什么是田园生活？这本书到底是讲什么的？”马克西很好奇。

“嗯，田园生活是指一种简单平和、多半在乡村的生活。这本书里讲述了一条名叫宝善的狗，有着母鸡和狗的混合个性，他每天会陪着自己的主人，也就是作家托马斯·曼一起散步。”奥尔格讲述说，“有一次，一只兔子没头没脑地意外出现在他们面前，‘兔子竟然跳到了作家的怀里’。紧接着发生的事情让我简直无法忍受。‘宝善的欢呼和所有其他声音都突然停止了’，而且是被一种非常野蛮的方式制止的。作家瞬间就觉得自己是兔子的主人，直接就用棍子打宝善，‘它发出了尖叫声，绕开我，

托马斯·曼，《主人与狗》

一瘸一拐地接着追兔子去了，耽搁了这么久之后，自然无法追上已经消失得无影无踪的兔子。’”

“哦，”马克西说，“我觉得这个田园生活也太单调了。也许人们更愿意养一只狮子狗，而不是一只猎犬。可怜的宝善为什么会挨上一棍子，不过是那动物激发了它的狩猎本能而已。不然，他只用装模作样地大声吠叫一下，兔子肯定就消失得无影无踪了。而兔子跑得快，早已经如同闪电般消失了！你想想看，如果一只猫因为要抓耗子而被棒打，这只猫可能永远也不会原谅这么奇特的教育者吧。而他们打我们狗类却从来都不觉得良心不安。再说了，我们压根就不知道自己在狩猎时犯了什么错。但是我们从不抱怨，而是听命于人类，他们就把这称作驯化。”

“你说对了，”奥尔格赞同地说，“人类利用了我们这个族群天生的社会从属性，这个天性是我们从狼族以来血液里就一直带有的。族群里所有成员都要服从头狼，也就是所谓的阿尔法狼（Alpha，狼王）。这种行为对于猫科动物来说非常陌生，因为除了狮子以外，所有猫科动物从不成群结队。”

“所以，即便是人类，也没有我们狗类的等级森严。”马克西继续说。

“太有趣了，那么其实人们也可以考虑拿狮子当家畜。”奥尔格补充说。

“它们也有着服从天性，也能像我们狗

类一样被驯化吗？”马克西说，“肯定不行！再说，它们的体格对于人类来说太大了。但即便不是狮子，棍棒下都很难调教出好家畜！我在西班牙的垃圾桶里曾经遇到过一个可怜、紧张兮兮、动不动就咬人的朋友，因为它之前被人类狠狠打过，所以对所有人类都有很强的戒备心理。如果人们想赢得我们的心，他必须了解和理解我们的本性、行为方式和性格。感情的培养来自理智和头脑，不是莽撞冲动能培养的。不然，就正如托马斯·曼在书中所写的那样，酿成了一场棍棒之灾。”

“我也这么认为，”奥尔格叹了口气说，“这一切看起来不只是一次挨打那么简单。至少书中很早的地方就写道：‘宝善从粗俗的主人那里学到的只是畏惧，只要我一抬手，它很快也就失去了力量和尊严。’我们狗类并不太懂人类的伦理道德，但只要主人一抬起胳膊，我们中间如果有一只发出惊恐的尖利叫声，那就说明它肯定有过可怕的经历。现在你懂了吗，为什么我一到了书架那边就会不由自主发出呼噜呼噜的叫声？”

“是的，我现在理解了，”马克西赞同说，“那些街上的小混混们在垃圾桶附近一抬手，我们就四散逃跑，觉得他们马上会拿石头来打我们。有时候，人们和我们开玩笑之前，最好更多地了解我们，只有这样我们才能和谐相处。”

奥尔格点点头：“是的，首先要有知

识、理解力和爱，当然还要有时间陪我们。至少懂得怎么很好地成为我们的新‘阿尔法狗’。比如由兽医协会联合颁发的养狗执照。这个执照和驯养军犬可一点关系都没有。这个问题我们之后再谈。”

“那人们怎样才能拿到养狗执照？”马克西很想知道。

“如果你在德国参加养狗培训就可以拿到。培训的内容包括正确对待狗，给予它们安全感、可信赖感和必要的照顾。”奥尔格回答说，“友好相处的一个最重要的前提是人们真正接纳我们作为生活中的一员。棒打只表现出主人对于我们缺乏了解。马克·罗兰德，我后面还会提到他，他是一个和狼生活在一起的哲学家，曾经说过这样的话：‘想要看清一个人的本质，就要看

他如何对待弱者。'他是说人们如何与弱势群体接触，这既包括和其他人类，也包括和动物。在人类面前，还有什么比动物更加弱势的群体呢！"

"这话听起来让人忧伤，"马克西思考了片刻后说，"这让我不由得想到了许多小狗，它们接受了错误的教育方式，变得神经质或者唯唯诺诺。而对于一只小狗最有益的教育方式是抬高它的脖颈，摇晃它的脑袋。要知道，它的亲生妈妈就是这样对待自己的孩子的……"

"我们的教授要是听到小狗被打的故事，会表示出无限同情，"奥尔格继续说，"他会引用捷克作家米兰·昆德拉的小说《不能承受的生命之轻》里的句子：'真正的人类美德，寓含在它所有的纯净和自由之中，只有在它的接受者毫无权力的时候它才展现出来，人类真正的道德测试，其基本的测试（它藏得深深的不易看见），包括了对那些受人支配的东西的态度，如动物。在这一方面，人类遭受了根本的溃裂，溃裂是如此具有根本性以至其他一切裂纹都根源于此。'"🐾

"听起来挺好的，"马克西说，"所谓田园式的棍棒不能带来任何助益。还有一点我很确信：无论怎样惩罚我，也改变不了我狩猎的天性！"

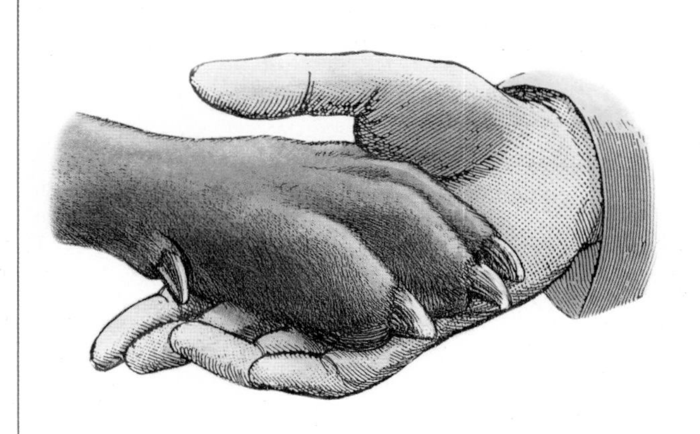

🐾 引自《不能承受的生命之轻》，上海译文，许均译。——译者注

顶级猎手
如何成为一只优秀的猎狗？

“再说，”奥尔格说，“既然我们刚刚说到了狩猎，你喜欢追猎兔子的天性是成百上千年流淌在你的种族血液中的，是你的基因决定的。在马耳他语里你被叫作‘Kelb tal–Fenek’，也是抓兔子的狗。”

“我们猎犬在这方面特别棒。”马克西骄傲地回答说。

“抱歉，你这个小笨蛋，这一点我必须纠正你，”圣伯纳犬说，“你追着灰色小跑车时会大声吠叫，而不是悄无声息，怎么能算是猎犬？无论多么高的温度、多么复杂的地形，猎犬都可以连续好几个小时追击下去。你追击时不仅用到灵敏的听力，还会用到敏锐的嗅觉。而狡猾的繁育者则基本去掉了猎犬的嗅觉功能，让它只通过视觉来追击猎物。你想想看，如果一只**波索尔犬**，有时也被称为俄罗斯猎狼犬，突然用鼻子来探寻猎物，而不是靠眼睛追击猎物，猎物早就跑出老远，无影无踪了。在培育的过程中，人们把猎狗从用鼻子的动物变成了用眼睛的动物，并称之为摘取了狗类培育的皇冠。要从遗传上改变一种动物是非常非常困难的事情。”

“现在我清楚这一点了，”马克西说，“我能想象一只猎狗，像**灵缇**、**惠比特犬**、**意大利灵缇**都有着狭长的口鼻部，而实际上鼻子和耳朵都没有占太多位置，所以没有大的鼻子肌肉以及大面积的鼻腔黏膜。”

“正是，”奥尔格回答说，“你观察得很仔细。大型灵缇以前是在贵族庭院里专门用来狩猎的。**阿拉伯灵缇**和**萨路基猎犬**最初和马匹或者骆驼一起喂养在瞪羚群附近，一旦瞪羚开始奔跑，放鹰人就把他的鹰放到高处。它们像带羽翼的箭一样迅速飞出去，用它们尖锐的爪子袭向瞪羚的头。”

“狩猎还带有空中支援，”马克西惊讶地说，“那些鹰能用它们的爪子把瞪羚弄死吗？”

“不，这一点它们还做不到，”奥尔格

回答说，“但是它们能通过空袭妨碍瞪羚们逃跑，于是瞪羚就被飞速跑来的灵缇逮个正着。不管怎么说，贵族们打猎绝不是为了填饱肚子，而是在策马飞驰，跟着猎犬一路追赶中寻找刺激和乐趣。”

“打猎只是为了找乐子，这个我知道，”马克西说，“这种宫廷式的狩猎到了现代已经过时了。看灵缇和惠比特犬狂奔也不再那么刺激了，更多取决于赛狗中给获胜者奖金的高低。”

“包括过去一大帮人带着勃拉克猎犬和米格鲁（又称为比格犬、小猎犬）骑马纵狗打猎，这纯粹是上层人士的游艺活动，这些上等人包括贵族和教士。”奥尔格解释说，“这些猎物要么被关进栅栏里，要么被逼到湖边射杀和刺死。接着，在法国大革命之后，贵族和教士必须交出他们拥有的大片地产，于是狩猎区被分成了许多个小的区域。费用高昂的、带着成群猎犬狩猎的活动逐渐淡出历史舞台，因为它已经无法在被分割后的小块土地上进行。许多人们喜爱的猎犬种类渐渐消亡。”

“这种大规模的骑马纵狗打猎肯定是一场残酷的大屠杀，”马克西说，“那些被追到死的可怜生灵根本没有机会逃脱。要是我去打猎，那些小兔子肯定能瞬间钻到它们的老窝里，而我空手而归。”

“就是从那时候开始，”奥尔格说，“人类社会也发生了翻天覆地的变化，因为欧洲的动物保护规划，这样的狩猎方式根本不被允许进行。说说看，你在追着一个可怜的灰色小生灵的时候，会一直不停地吠叫吗？”

“我自然会叫啊，”马克西回答，“你不知道，这种活动会让我有多么兴奋。”

“但是这并不是源于本性，”奥尔格回答说，“怎么说呢，狼就不叫，即便是在狩猎的时候，因为吠叫对它来说太耗费精力了。再说了，狼群狩猎时相互都在视野范围内。另外还有其他两种犬科动物也是成群狩猎的：非洲野狗，有时会被误叫为鬣狗；还有印度豺，它们在狩猎时也不会发出叫声。猎狗的叫声实际上是培育者‘发明’出来的。首先，培育者最开始培养出护卫犬和牧羊犬。其次，所有猎狗发出叫声，能够帮助主人在树木丛生的、隐蔽的树林里跟随猎犬的踪迹，猎人们需要猎犬通过声音随时报告方位。**莱卡犬**或者**猎狼狐狸犬**甚至能追击和纠缠麋鹿、熊或者野猪这种大型猎物，吸引住它们的注意力，直到猎人们赶到。如果狗找到了已经被猎枪射死的猎物，也会发出特别的狂吠声，向主人汇报猎物已死，猎人们会应声前来。或者猎狗跑回主人跟前，专程带领他们来到猎物所在地。”

“嗯，确实是这样。”马克西说，“在西班牙我们对这种狩猎方式进行了一些改良，因为我们清楚地知道给野兽做的圈套在什么地方，然后会定期去检查一下。当我们偷吃圈套中捕获的猎物时，我们可不会发出任何声音！”

“你可真是自私的海盗，而不是受过良好训练的猎犬。”奥尔格说，“你肯定还记得丽萨，那只来自匈牙利的红棕色**维希拉猎犬**，猎人克劳斯最近来拜访我们的教授时就把它带在身边。”

“当然记得，”马克西回答说，“我还记得那个猎人戴了一顶很奇特的帽子，看上去像一个用培根搭出来、随时会散架的茅屋。”

“他们俩组成了一个超级狩猎团队，”奥尔格说，“这个丽萨每天都要去主人放置的各个套索巡视，一旦发现抓到獾、狐狸或者鼬类，就一定会把主人带到现场。它和**指示犬**、**赛特猎犬**以及意大利**史毕诺犬**都属于短毛大猎犬，而其中**德国短毛指示犬**是最古老的代表。指示犬发现野兽的踪迹后会抬起一条前腿，一动不动像一个雕塑一样，只有尾巴会摇来摇去，它们的名字也来源于此。这种在猎物面前的克制已经有着多年的历史，早在古希腊时期，故事家色诺芬和古罗马时期的普林尼就已经提到这一点了。因为在当时，这样的行为

是错误的，那时候带着弓箭和长矛的猎人希望狗能够立即把猎物捉住。而到了今天，动物行为学家们认为指示犬因为被近亲繁殖得太久，这种直接把猎物叼起来的本能已经逐步退化了。而这种错误的行为方式通过遗传逐步固定了下来。指示犬主要用于指示猛禽猎鹰，或者把猎物赶到捕猎网里。1750年双筒猎枪发明之后，情况发生了变化。从那以后，猎人只需要慢慢跟在指示犬后面，接着就能用枪击毙已经惊慌失措的猎物。那些特别聪明的猎人又想出了训练猎犬站立的方法。

“通过频繁地握爪子吗？”马克西开玩笑地说。

“那还远远不够呢，”奥尔格说，“人们给狗做了一个齐胸高的工具，就是所谓的动臂装置。它其实是绘图仪器，也就是缩放仪。通过拉动绳子能将这个工具全部展开，然后让猎狗保持站立的姿势。这么做看起来是没有多大用处，所以到了今天这种仪器已经完全被人们遗忘。但是训练是要严格执行的，一只训练有素的指示犬即便看到被射杀的野鸡后，也会等到主人下

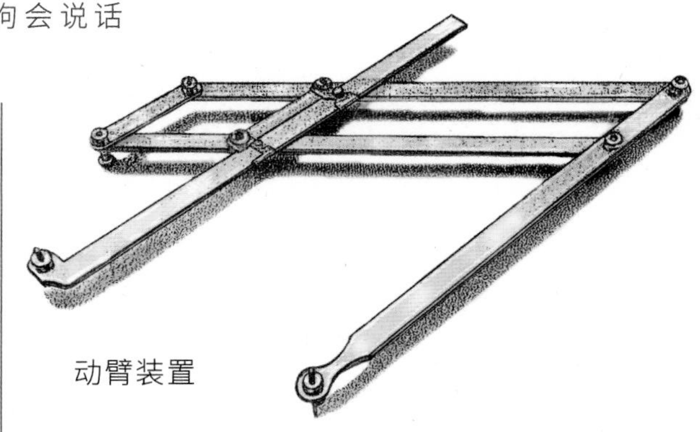
动臂装置

命令才叼回猎物。16世纪，人们用弓箭来射杀水鸟，当时的猎犬不仅要把野鸭和鹅从水面叼过来，还要把射偏的箭收集回来。这种叼回东西的能力只有我们猎狗才有。就算是人们手把手把狼养大，也教不会狼这些。作为所有欧洲水猎犬祖先的法国**巴贝犬**，甚至能帮渔夫拉渔网。”

“天哪，”马克西大声叫唤说，“水可不是我能搞定的东西，我在水里会被冻死的。”

“正因如此，所有水猎犬都有着厚厚的皮毛，帮助它们抵御水下的严寒。”奥尔格说，“另外，**贵宾犬**源于朴杜尔犬，是一种非常强壮且很实用的狗，它可以用于水上作业。所以不仅猎人，渔夫也很需要它们。为了避免它厚厚的毛在游泳的时候碍事，人们把这种狗的毛修剪下来。时至今日，它早就成为人们的宠物，不再用于水上的工作，但这种剪毛的传统还是流传了下来。

据说它们还是由法国水犬发展而来的。现有最接近原始样貌的水犬就是德国北部的**牧羊朴杜尔犬**。但是说到水上狩猎，我们就一定不能忘记**科克尔犬**。这是一种古老的荷兰犬种，人们能在16世纪的画卷中辨认出它们来。它的名字来源于特殊的情况，也就是狩猎鸭子的情形。在某个水域给鸭子做一个陷阱，设置一个大的网子，里面漂浮着木头鸭子和柔软的鸭子扣。因为只有一只小小的科克尔犬在岸上逡巡，这些野鸭根本就不会太在意。而且，它们多少会觉得有些新奇，于是注意力也被吸引过去，慢慢地游到木头鸭子那儿。这时陷阱就会一下子收起来。直到今天，当鸟类学家想抓住野鸭并给它们戴上套环时，还在使用这样的猎鸭技巧。”

“亲爱的奥尔格，”马克西说，“我们别再谈论水了，好吗？你知道的，我本来就怕水。我喜欢脚下踩着坚实的陆地。在西班牙，我和两种狗完美地配合工作。一种是**腊肠犬**，另一种就是德国猎㹴。你知道吗，当那灰色的闪电一溜烟消失在洞穴里的时候，我其中一个伙伴可以将它娇小的身躯挤进去。那些洞穴往往是狐狸或者獾留下的旧巢。而当那个笨猎物从洞口窜出来的时候，我们立即扑上前将它猎获。”

“好吧，我希望你们至少在分猎物上是公平的。”奥尔格说，“仅从这一点上，我就能看出你不是真正的猎犬。只要你受过正规的训练，或者是猎人所说的培训，你就不会一看到猎物就扑上去大嚼起来。”

奶酪块和小石头
如何戒掉小狗乞食的毛病？

“我没有太多受教育的经验，”马克西说，“在西班牙我完全是自由生长的。嬉皮士主人对我简直就是放任自流，他不管我具体干什么，也不纠结我是否听话。到了教授这里，我花了很长时间才领会他的意图。坐下、坐好、伸爪子握手现在对我来说还算是比较容易的练习项目。”“我们好像天生就会伸爪子握手，”奥尔格说，“这个是和我们在幼年时期找妈妈乳头的动作相关的。”

“可有些动作就难多了，”马克西说，“就是在教授离开的时候，要我躺下，而且是躺下不能动的那种。只有当他回来，吹声口哨或者做一个手势，我才能再次动起来。更难的是所谓的奶酪训练：你不仅要像狮身人面像一样趴着一动不动，同时还要在你的前脚上放上美味诱人的奶酪块。这种情形下要控制住自己简直难上加难。刚开始的时候，我总是抬起前脚，很快把奶酪抓起来。但是教授用异于常人的良好忍耐力来对付我，他发出一声长长的‘不！’，然后再次将奶酪摆放在我的前脚上。只有等到他说‘现在！’，并且用一只手指指向其中的一只前脚，我才可以享受奖赏。这个训练的高峰是第三块奶酪，这一块要放在我的鼻子上。我一边嘴里口水哗哗地流，一边还不能随意晃动脑袋。终于等到命令，可以将这一块奶酪高高抛向天空，接着在空中用嘴接住，我最幸福的

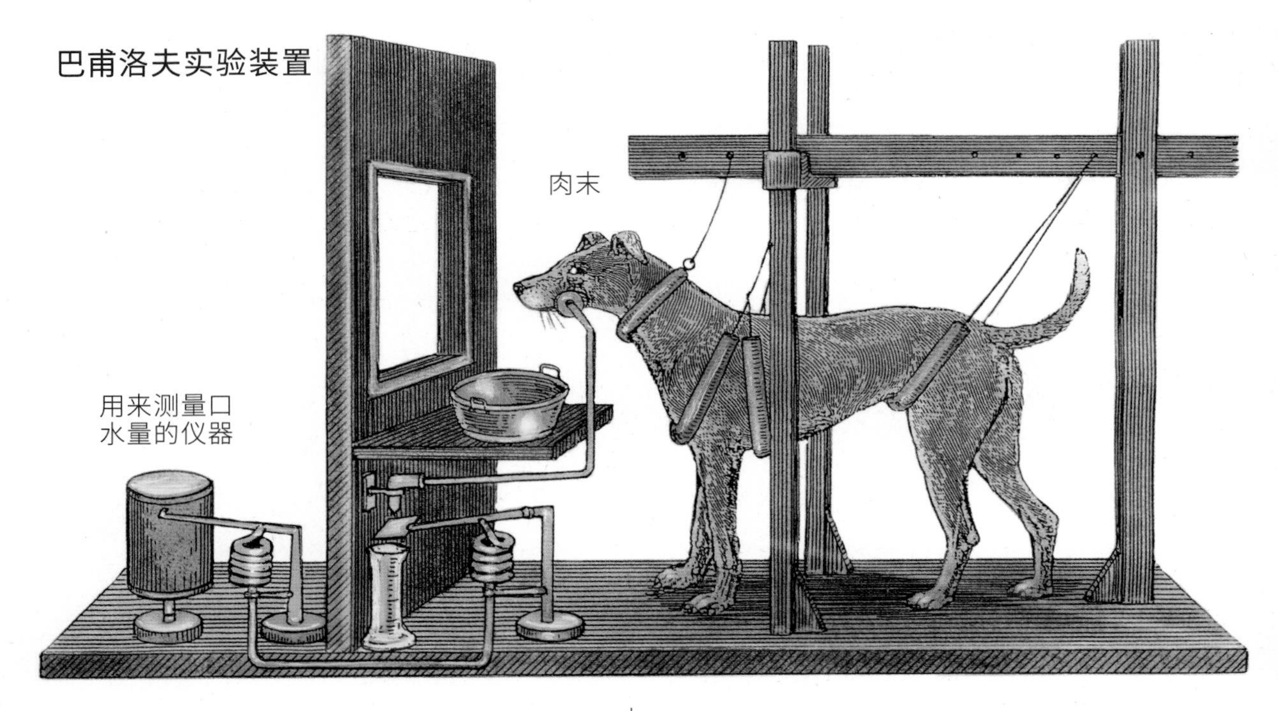

时候才算到来了。正因为这一癖好，我得到一个滑稽的昵称。”

“啊，你是指巴甫洛夫吧，”奥尔格说，“他是一位俄国学者，是他首次对狗分泌唾液的行为进行研究，并提出了条件反射的概念。只要我们狗类知道有好吃的东西就在眼前，我们嘴里的口水就会泛滥。在这一点上，我和你都没有什么区别。教授和

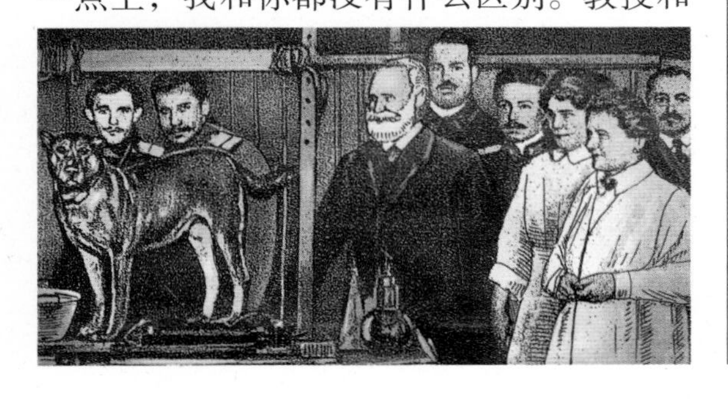

我们玩的这个小游戏非常精彩，引人入胜。至少我们三个都乐在其中。再说了，他能通过这种方式戒掉我们喜欢在餐桌旁乞食的习惯。所有摆在餐桌上的食物，无论多么诱人，我们也绝不能动吃的念头。就算咱们独自待在餐厅，桌上的美味让我们垂涎欲滴，我们也要把持住自己。”

“但是像你所描述的那种猎鸭场景，那些关于科克尔犬的故事，我从来没有经历过。”

“你反正也不太适合这种儿童剧风格的场景，”奥尔格淡淡地解释说，“但是有一点必须肯定：光是抚摸和温柔爱怜是不能

培育出优秀犬类的，尤其是大型犬。如果一只警卫犬不能遵守纪律，那它对于人类来说就有危险。一般来说，训练过程开始于狗生命的第7周到第8周，而大型犬类开始于生命的第12周。在它们长牙，也就是大约5到6个月以后，大型犬类必须完全服从训练者的命令。没有驯养好的狗会威胁到孩子，即便是小型怀中犬、年老妇人的伴随犬，一旦缺乏适当管教，也会变成家里的恶魔。”

“我曾经见过一种很特别的教育方法，”马克西说，“我们在沙滩上看到一只年轻的牧羊犬佩戴着奇怪的项圈，一旦它不听从主人的召唤，主人就按下手上一个小开关的按钮，这可怜的家伙就会被轻轻电击一下。”

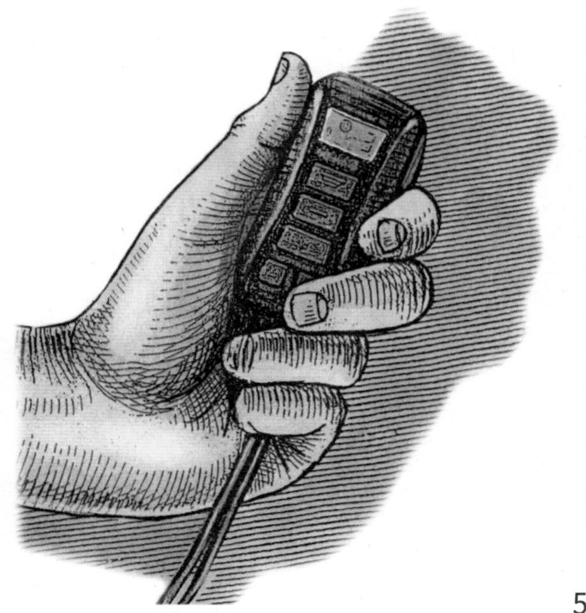

“这是一种名为电击项圈的遥控刺激仪器，”奥尔格说，“如果合理使用的话，不会让狗儿太疼，只会提醒它一下。我的训练者也采取了类似的方法：他会有目的地扯一下项圈。这不会造成伤害，但是能让狗儿立刻就知道主人希望它做什么。比如，房间门铃响了，如果主人不希望我一路乱叫着向门口冲去，就会把装着小石子的塑料瓶从我后面扔过来，小石子碰撞发出听上去很唬人的声音。因为我都来不及看到他的动作，所以塑料瓶对我来说仿佛从天而降，就会立刻注意到。”

“是的，这不会让我很难受，”马克西说，“我们狗类虽然很敏感，但也不是过分敏感！”

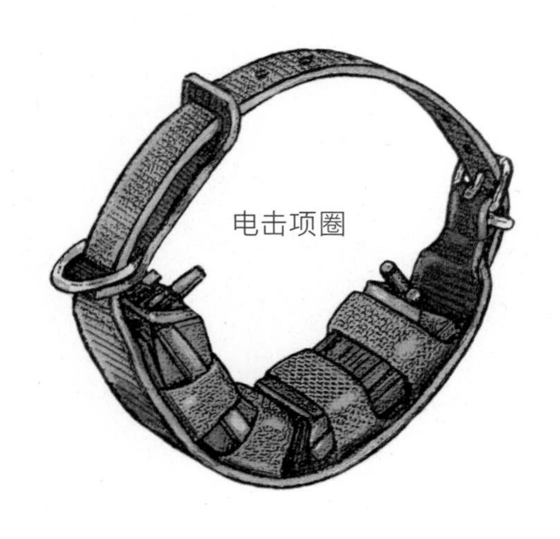
电击项圈

非常荣幸，我叫杰克·罗素
名字的内涵超乎寻常

“荷兰犬种的名字，也就是根据猎鸭子场景命名的那种，老是在我的脑海里挥之不去。”马克西说，“我觉得科克尔犬这个名字太滑稽了。”

“对于给狗起名字这回事来说，”奥尔格解释，“培育者的想象力简直是没有边际的。据说我们是从军犬培育而来的。由罗马的军团带到了瑞士的大圣伯纳德隘口。**边境牧羊犬**是在英国和苏格兰的边界培育的。在中世纪英国的艾尔河山谷培育出了**艾尔万能㹴**。这个名称里还包含一个拉丁词“terra”，意思是土壤。**可卡犬**的名字得名于它的捕猎对象，因为它擅长猎获丘鹬，又被称为丘鹬猎犬。还有**澳大利亚凯尔皮犬**，虽然这是苏格兰盖尔语中一位水神的名字，但是在英国南部大家对它都耳熟能详。凯尔皮犬据说特别聪明，面对眼前密密实实的羊群，它不会去绕一条很大的弯路，而是直接轻轻巧巧地从羊群的背上跳过，到羊群的另外一边去维持秩序。

“在德国，人们用与水相关的名字（德国民间有水精灵的传说）给狗命名，比如‘小河流’‘小溪’或者‘多瑙河’。取了这些名字的狗就应该不再怕水。后来他们干脆直接使用古日耳曼语里神的名字，比如雷神索尔、奥丁或沃旦（奥丁的别名），以展示日耳曼民族的力量。对于没有民族之分的狗类来说，这样的名字能让它们有日耳曼的感觉。”

“我们怎么又回到了神话、迷信和所谓的‘希腊白’这一块儿上来了呢。”马克西

说，“这让我想起了一个非常特别的狗名……去年夏天，我在西班牙的时候，有时在沙滩上会碰到一位游客的狗。这是一只有着圆脑袋的大个子，全身都是淡黄色；它有着黑色的耳朵，眼睛下方有一些黑色斑点。每次我们和这个傻大个儿一起玩耍的时候，它的主人都要从车内用非常低沉的声音叫着他的名字：‘大雄！’这名字让你想到了些什么？”

“根据你的描述，这估计是一只**大白熊犬**（又称比利牛斯山犬）。它们有一个和熊很像的圆滚滚的脑袋。”奥尔格说，“估计因为它的主人是德国人，他喊的其实是‘熊，过来！’有某几个种类的狗是人们有意识按照熊的脑袋形状来培育的，特别是一些北方狗。它们的外形要体现出熊的力量和强大。某些学者认为，石器时代人类的生活和熊的生态文化其实紧密相连。这些狗被驯养之后可以充当熊的角色。

“法国有位洞穴研究学者在肖维岩洞找到了熊头骨化石，展示了熊的文化。据称，人们在洞穴的地面上发现了一只幼熊、一个孩子和一只犬科动物的脚印。根据大拇趾、第二趾和第三趾的位置，专家们得出的结论是，这显然是已被驯化的狗的脚印。也就是说，这是孩子和狗在24 000年前拜访熊洞留下的印迹。洞穴学者把这个作为狗类被驯化的最古老的证据！”

“这么说来，”马克西说，“通过脚印就能区分出狼和狗，对这点我还是不太确信，至少我也不一定能发现两者的区别。如果时间隔得不太久，我还能走过去闻一闻，来证实这种理论是否正确。”

“让我们再回到狗的种类名称的起源，”奥尔格继续说，“**挪威布哈德犬**的名字里有个前缀‘布（bu）’，这个字眼是庭院、畜牧的意思。**霍夫瓦尔特犬**则意味着它生活在德国中部，是庭院的看守。经过讨论，大家认为意大利**史毕诺犬**的名字有两个含义，史毕诺在意大利语中是野蔷薇、荆棘丛的意思，既指这个卷毛的家伙，也指带刺的荆棘丛，这也是它作为指示犬工作的地方。德国**宾莎犬**这个名称中有一个英语词（pinch），即攫取、抓取，这个意思对于擅长抓猎兔子的宾莎犬无疑是最合适的。早在中世纪开始，德国南部城市罗特韦尔就是一个畜牧业的中心地区，这里就是**罗威纳犬**的诞生地。一只优秀的德国指示犬能发现远在500米开外的野鸡，然后通过自己特定的行为向主人汇报，所以它们被称作指示犬。它会等到主人靠得非常近以后，才对鸟儿发动攻势。**伯瑞犬**（Briard）主要用于看守奶牛，而且这种奶牛能生产出优质的布利奶酪（Brie），因而伯瑞犬用相近的谐音来命名。**戈登赛特犬**的名字来源于苏格兰的里士满公爵和戈登公爵。”

“这位戈登公爵还有一座栩栩如生的雕像呢，”马克西说，“我在博洛尼亚的一位朋友是捕鼠能手，而且是一只**伯德戈诺犬**。”

“这个名字我还从来没有听说过呢！”奥尔格阿姨惊讶地说。

“这是真正的西班牙种的狗！”马克西继续说。他非常得意，因为终于有一次他比博学多识的圣伯纳犬还知道得多一点。“它们必须在西班牙大型酒庄地窖或酒店里抓老鼠。这家伙曾经在一家大型雪莉酒酒庄里拥有一份很体面的工作，因其出色而严谨的工作备受主人喜爱。可惜，某一次他以一种很蠢的方式葬送了自己的职业前途……”

“到底发生了什么事情？”奥尔格好奇地问。

“那次他真是太鲁莽了，”马克西继续说，“一天，某位酒窖主人突然想给客人显摆一下自家的雪莉酒有多么甘甜芬芳。于是，他自制了一个小小的木头梯子，就斜靠在雪莉酒杯旁边，然后让小老鼠顺着梯子爬上去品尝甜酒汁。一切都进行得非常顺利，直到某一天布鲁诺，也就是我那个本来管理其他地窖的哥们儿，碰巧从旁边经过。一看到这情形，他就像火箭一样不假思索地冲出去了。当然，两只老鼠嗖嗖地逃窜了，但是玻璃杯和梯子也摔坏了。从此，他就告别了雪莉酒地窖的保安生涯。现在，他的工作是看管渔网，避免被老鼠咬破。”

“其实这只能怪地窖主人，而不该怨布鲁诺，”奥尔格说，“他早就应该告诫布鲁诺，不要把用于展览的耗子列入狩猎范围。我就认识一只**杰克罗素㹴**，它能温顺地和一只小豚鼠一起分享主人的厚爱。这个爱吃老鼠的狗的名字来源于他的培育者，一位英国牧师。这样，带着这一股浓重的宗教色彩，我们的培育历史上又有了新的内涵了。

还有一个例子就是**杜宾犬**，又称杜伯曼犬。它的培育者是来自图林根的税务员、捕猎野狗和屠宰家畜的弗里德里希·路易斯·杜伯曼，培育时间在1860年。至于培育时到底用了哪些品种，以及各品种的族谱，已经成为他带入坟墓的终极秘密了。

贵妇和昂贵的犬类已经成为彼此最彰显身份的伴侣了。所以极其有地位的贝都因人就爱带着**阿拉伯灵猩**，它算得上是家庭成员。它们比上等马匹或者奔跑的骆驼还要值钱，有时候地位甚至超过家里的女人。如果有人违反阿富汗猎犬禁运条例，会被重罚甚至判处死刑，正如走私中国皇帝的宫廷狗——**狮子狗**所受到的最重责罚一样。所以这两个品种都是相对较晚才来到欧洲的。一位英国殖民长官1890年走私**阿富汗猎犬**到英国，而阿富汗猎犬出现在德国则晚至1930年。大公爵卡尔·奥古斯特是歌德的朋友，于18世纪中期在魏玛的庭院里养了一只充满贵族气质的指示犬。它被誉为是所有指示犬中的精品。**威玛猎犬**中偶尔会出现一些长毛的变种。腓特烈大帝一旦没有自己亲自培育的**意大利灵猩**的陪伴，就觉得生活简直难以想象。俾斯麦把**大丹犬**，也就是**德国獒**作为国犬，这一点已经是众所周知的事情了。直到今天大丹犬（德国獒）在国外还能卖出高价。从历史角度来看，**德国牧羊犬**的处境就不太妙了。骑兵上尉马克斯·冯·施泰藩尼兹在19世纪末培育的德国牧羊犬品种的特征到现在都基本没有变化，这些特征正迎合了纳粹德国时期人们极端的爱国情绪。很快它就成为德国纳粹主义者所钟爱的犬种，从此就留下了政治污点。所以在其他国家，德国牧羊犬被蒙上了一层令人不快的色彩。对了，现在大家认为德国牧羊犬不是由看守犬和护卫犬培育而来的，其实，它身上杂合了多种猎犬的特征。”

“我对政治一窍不通，”马克西说，“但是那个叫德国黑背的家伙，其实是很棒的

小伙子。”

“我们都对政治不太了解，但是，政治有时候会要了我们的命，”奥尔格回答说，“它甚至能让一个品种的狗彻底消亡！”

“为什么会这样呢？”马克西好奇地问。

“多数情况下是在战争和革命后，人们会报复和摧毁象征曾经强势一方的品种。”奥尔格解释说，“要么狗被打死，要么从此禁止对它们的培育。法国大革命之后，**蝴蝶犬**和**法连尼犬**就遭受了灭顶之灾，因为它们正是贵妇人们最喜爱的小狗。俄国十月革命期间，最后一位沙皇和他的家族被推翻后，革命群众还在全国范围内捕猎**波索尔犬**。古巴革命的领袖菲德尔·卡斯特罗也禁止继续培育小型的**哈瓦那犬**。”

“太遗憾了，我对政治的确知之甚少，”马克西承认说，“狗类培育似乎和政治之间有着千丝万缕的联系……”

“可不是吗，”奥尔格说，“除了我举的这几个例子，在培育活动最盛行的英国还有几个疯狂的故事呢。人们在培育时如果把注意力集中在某几点上，而且目标明确地继续推进，到一定时候就有可能产生新品种。无论怎样，狗类繁育协会都要执行正确的策略。让我们再看看**诺福克㹴**和**诺里奇㹴**。诺里奇是英国东盎格里亚地区诺福克郡的首府。只有5千克重的诺福克㹴是最厉害的捕鼠能手，深受大家的喜爱。当它们在1965年分化成两个品种的时候，其唯一的区别是耳朵的特征不同。诺里奇㹴有着立式耳朵，诺福克㹴则耳朵耷拉。法国文艺复兴时期也有类似的例子。蝴蝶犬的名字来自法语中的蝴蝶，有着立式耳朵。而法连尼犬，名字在法语中是夜蛾的

诺福克㹴

诺里奇㹴

意思，其耷拉的耳朵能增强人们对它的辨识度。另外，它俩的名字也相当贴切，你想象一下，一只翅膀高高竖起来的静止的蝴蝶，和一只翅膀倒伏于身体两侧的夜蛾，相比之下是不是很形象呢？

“英国王室所钟爱的狗也有类似的微小区别，**卡迪根威尔士柯基犬**有一条中等长度的尾巴，而**潘布鲁克威尔士柯基犬**尾巴短小。直到今天它们俩在其家乡还被用作机灵的牲畜监管，能把倔强固执的牛群或者羊群赶得一路小跑。其中，潘布鲁克和它有着中长尾巴的同事相比，性情要更加温和。”

“哇，这么一说起来有好多鲜活的例子。”马克西回答说，“许多你说到的种类我根本就没有见过。我们还是来说说那些我多少了解点的故事，好吗？”

“那敢情好，”奥尔格说，“但是我先得喝口水。”她慢慢腾腾地站起来，摸索着踱到书架附近的水盆边上，你又能听到她嗓子眼里发出的低沉的呼噜声了。

通灵的动物
狗有超自然的能力吗?

奥尔格刚刚从水盆那边回来，马克西又迫不及待地打开了话匣子："人们经常提到'希腊白'，我们之前也说到过这个，这东西真能治病吗？"

"当然不能，"奥尔格愠怒地说，一边舔着自己皲裂的嘴唇，"这完全就是迷信！白色的狗粪便的主要成分是钙质。一个人只要每天喝上0.7升牛奶，就可以完全满足身体对于钙质的需求了。可是，这种古老的迷信直到今天还在继续流传。人们现在似乎还把我们看作是移动药房。这真是段颇具讽刺意味的老话：我们的肉和脂肪能够治疗肺结核，我们的关节经常是医生治疗羊癫风（癫痫）和冻疮时开出的药方。在挫伤和其他伤口上抹上狗的油脂，将具有爱和拯救的魔力。而狗骨头磨成的粉可以用来消除浮肿和水肿。为了预防狂犬病，人们会在脖子上系上一只黑狗的牙齿。人们有时还会津津有味地吃掉我们的肝脏和心脏。如果只是想预防百病，可以把狗血掺一点到油漆里粉刷房屋。"

"只有欧洲人是这样吗？"马克西好奇地问。

"当然不是，"奥尔格回答说，"以前生活在墨西哥的阿兹特克人就把**墨西哥无毛犬**的脂肪用作风湿病药膏。估计原因在于这种狗的体温要比其他狗的高。直到今天，

它们仍然因为个性安静、体温可以暖床而受宠。”

“你说的到底是哪种狗？”马克西惊讶地问。

“**墨西哥无毛犬**，它的名字中有来源于阿兹特克的狗头神梭罗提（Xolotl）。它就像在埃及的阿努比斯一样，也能超度亡灵！在墨西哥，人们发现了一个来自公元前3700年的雕像，雕像上把这只狗叫作肖洛伊兹文忒利。”

“还是阿努比斯的名字好记些。”马克西承认说。

“你想想看，”奥尔格继续说，“正因为有这类迷信的想法，在有些育种圈始终顽固坚持一些错误观念。比如，一旦纯种母狗和杂种公狗交配后，它就会立即被剔除出育狗圈。”

“谁这么犯傻呀？”马克西问道。

“有些愚蠢的故事在不断加深人们的迷信思想。”奥尔格回答说，“据说有一位著名的狗类培育者偶然看见了一只斑马兽，这是一匹公斑马和一匹母马杂交的品种，所以它的身上会有部分斑马的条纹。然后，人们让这匹母马和一匹公马交配，小马驹的四肢上还是有细细的条纹。聪明的培育者自然得出结论，这条纹来自公斑马。”

“他认为这种条纹多少已经进入了母马身体里？”马克西怀疑地问道。

“正是这样，”奥尔格回答说，“所以他把‘交配失误’的母狗从育种繁殖中剔除掉了。而他肯定不知道的是，这种四肢上的条纹是隔代遗传，也就是返祖的经典情况。你还记得澳洲野狗的培育吗？同样的条纹还出现在普氏野马、野生迪尔门小马和波兰小马身上。这种对动物纯化血统的做法应该到此为止了！正如直到今天还有欧洲人相信吃了风暴中落下的云雀，就会得狂犬病的迷信一样。还有人说不能看烤箱，否则眼睛会被灼伤，灵魂会被攫走。以前人们甚至还认为，有‘四只眼睛’的狗能驱赶鬼怪，这种狗只不过两只眼睛上方正好有两个白色斑点。另外有种说法是我们狗类不断的吠叫声能吓走恶魔。所以在德国，人们还把大型的教堂钟也称为‘大狗’。如果给一只猎犬喂一颗猫心，人们认为它就会对主人忠贞不贰。如果要唆使狗咬人也有一个秘方，我们的先辈就曾经在圣诞节晚上用过三颗猫心加上大蒜、盐和白色洋葱的药方。但是在所有这些迷信中，偶尔还是蕴藏着一点真理的。因为我们的感知灵敏、嗅觉敏锐，能让我们发现地震或者天气变化产生的细微迹象，所以印欧语系民族认为我们能够预测吉凶。”

“是呀，”马克西说，“我们肯定能部分猜准地震和气候变化，因为我们能提前一小时预知雷雨和风暴的来临，哪怕此刻天空还万里无云。”

“同样，发生海底地震引发大海啸时，狗和其他好几种动物都能提前好几个小时感知到海啸即将到来。”奥尔格继续补充，“在大海啸给完全毫无察觉的人类带来极大震惊时，我们已经及时逃到了安全地带。人类无法解释这种现象，当然认为我们能预知神秘大自然的动静。”

“乡下有位盲人，他总是让狗给自己领路。”马克西说，“而这只狗也非常小心谨慎，以至于村里其他人都说，它能看到神灵。”

“接受过良好训练的导盲犬在工作中的表现异常优秀，”奥尔格附和着说，“整个训练要持续大约8个月，而应该开始于它出生后第13周。如果在大约15周大的时候才开始的话，可能有大约30%的狗不能成功结业。导盲犬必须要严格遵守纪律：它们不能到处嗅来嗅去，也不能用尿来标记自己的领域，也不能随意向其他狗跑过去。它们需要通过推或者拉的动作给主人提示障碍物、需要绕开的洞，警告哪里有人行道的坎儿。即便是好几个小时的山路徒步旅行，盲人也能完全信赖自己的导盲犬。”

“难怪人们有时候会觉得我们狗类有超自然的力量了。”马克西接着说。

以鼻子为向导
狗能嗅到宝藏

“我们说到了导盲犬，这可是狗类中的杰出专家。它们在自己的工作领域里无可替代。”马克西说，“我们狗类还有其他特别了不起的本领，而且正好也能为人所用吗？”

“当然有啊，”奥尔格说，“你得考虑到我们品种的多样性，还有我们身上最重要的器官——鼻子。有一个关于鼻腔上方嗅区的比较，人类的嗅区表面积大约是5平方厘米，而德国牧羊犬有大约160平方厘米！

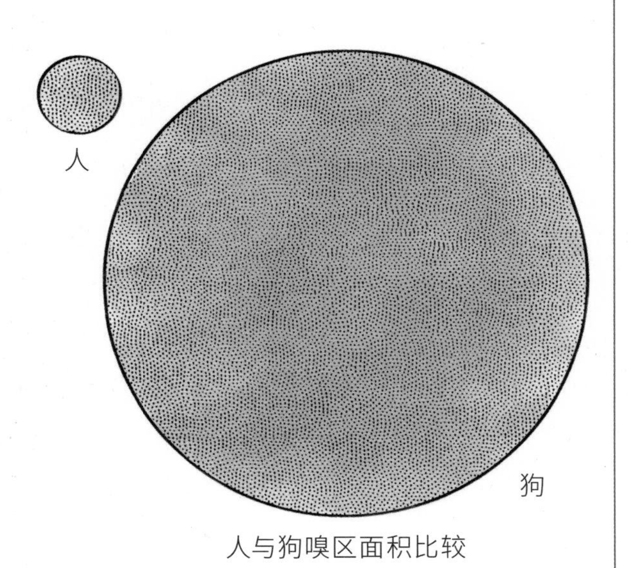

人与狗嗅区面积比较

“我们的嗅觉黏膜有0.1毫米厚，而人类只有可怜巴巴的0.006毫米；我们有大约2.2亿个感觉细胞，而人类只有区区500万。所以，即使醋酸稀释了1亿倍，我们也能闻到气味。

“只有很少人知道，我们能够准确区分人类的手汗和腋下汗味的区别。更少人知道，我们彼此之间闻闻肛门区的意义有多么重大，因为那里有环肛腺体和肛门腺体的开口。那里的不同气味相当于我们每只狗独一无二的名片。当我们害怕的时候，就会把尾巴夹起来——如果想就此消失掉，自然要先隐藏起自己的气味。就好比孩子把手挡在眼睛前，希望大人就不会找到他们一样。只有**惠比特犬**是个例外，它的尾巴永远都是夹着的。还有一个例子就是狐狸，它的气味也很独特。狐狸在第七节尾椎上一个朝上的方向处有一个额外的芳香腺体。有时候我们狗身上也有这种情况，

并且一旦有了，这个地方就很容易发炎。”

“让我来猜猜，”马克西说，“这肯定又是一次向祖先的致敬。”

“是的，”奥尔格肯定地说，“这又是典型的返祖现象。”

“我对自己的嗅觉感到由衷的骄傲，”马克西说，“我甚至通过鼻子就能判断出地面上的足迹到底是来自一只家兔还是野兔。”

“确实，兔子是你的专业领域，”奥尔格回答说，“而真正的足迹辨认专家是**血猩**，猎人先让它们在野兽出没的小道上嗅最新鲜的足迹。一旦猎物被枪击中后逃窜，血猩可能并不是跟着血的味道追踪，而更多是依据猎物足底的肉垫、蹄子或爪子缝隙中的汗腺或其他腺体留下的气味。这些最微小的气味分子，也就是所谓的费洛蒙，不仅被动物用来标记领地，也是它们彼此间辨识的关键信息。当一只野兽要逃跑时，它身上气味的分泌会有一些改变，因为压力会导致身体释放出更多的费洛蒙。血猩根据自己敏锐的嗅觉一路追踪，就好比在沿着一条气味轨道前进一样。”

“它们这么做是天性使然，还是后天通过学习才做到的呢？”马克西问。

“我们天生就拥有良好的嗅觉，”奥尔格回答说，“只要有可能，凭借这个天赋我们能闻出几乎所有的气味。但是人们对于我们的嗅觉本领还要进行一些额外培训，让我们能对某些气味特别留意。人们称之为条件反射训练。比如我们中有些狗能专门闻出毒品或者爆炸物。在过去几年，我们还接到了一类新任务。我们的鼻子能在实验室里闻出人类唾液或者尿液里有没有癌细胞的存在，尽管这时癌细胞还压根没有对患者造成任何疼痛和影响，并且通过其他测试都无法检测到。但是要知道，对于癌症人们认识得越早，治愈它的可能性就越高。”

“在实验室里我肯定能闻得更好，”马克西确定地说，“因为毕竟那儿没有兔子跑出来打搅我。”

“一只优秀的超级猎手在闻东西的时候不会受到任何打搅，”奥尔格回答说，“也就是说，即便是在野外，也能很好地完成任务。比如闻到地下的松露的味道。法国人甚至用猪来完成这项工作，因为松露的气味从化学成分上来说和公猪的味道非常相似。我们狗类和猪相比，更适合寻找这种埋藏在地下的珍贵块菌。因为猪把这玩意儿当作可口的点心，而我们对蘑菇类的东西都不感兴趣。猪挖掘的时候用它强有力的大鼻子在整个地面上使劲拱来拱去，有时就会伤害到松露共生的树根，以至于以后这一根系下再也长不出松露了。所以，意大利人只用狗，特别是**拉戈托犬**来找松露，而这往往给拉戈托犬带来生命危险。这种珍贵的菌类在美食客那里价比黄金，所以拥有能找到松露的狗的主人必须时刻警惕，以防另外一位寻找松露的人出于嫉妒和恶意，偷偷投毒毒死自家的狗，以便让他家的狗能找到更多松露赚大钱。所以，拉戈托犬接受的严格训练包括在森林和田野里坚决不吃任何诱人的美味。”马克西说：“这种嗅觉灵敏的松露密探甚至能够闻到地下埋藏的东西的气味，他们肯定是所有超级灵敏鼻子犬的冠军。”

“这倒不一定，”奥尔格立即回应道，“雪崩救人犬，就比如**圣伯纳犬**，能闻出几米厚的雪层下被掩埋人员的气味。人类也经常会错意，以为我们会及时把自己刚排出的粪便掩埋了，是因为我们爱干净。事实上，这是我们除了用肛门腺体以外标记领地的方式。”

FINE
GOLD
999.9

可口点心和爱抚
有了奖赏一切好说

“我曾经见过一只真正的松露猎手，”马克西继续说，“当时我们在博洛尼亚度假，他从我身边过的时候特别趾高气扬，因为他属于很稀有的品种：**拉戈托罗马阁挪露犬**。于是他一天到晚四处吹嘘，说自己的主人可是花了15 000欧元把他买回家的。一次大家一起去追野兔的时候，他没有表现出很大的兴趣。他更想在林子里闲逛，看看能不能嗅到松露。就在这个空当儿，他打开了话匣子，一路上和我攀谈，告诉我他到底是如何成为一名松露专家的。

“首先，他的主人将一只装了熏肉和松露的木鞋埋在地下。熏肉的香味自然像磁石吸引铁片一样吸引着他。‘你知道吗？’他对我说，‘我们拉戈托是一个很古老的品种，最开始被训练用来叼取水里的猎物。而现在，我们在寻找松露的时候自然不能受到其他影响，不管有兔子从我们身边跑过，还是有山鹑飞过，我们都必须把注意力完全集中在自己的鼻子上。如果你能通过木鞋测试，接下来就是训练复活节彩蛋的通关技巧。这对我主人的孩子来说是一件大乐事，主人会买很多复活节彩蛋。孩子吃掉了巧克力，拿走里面的惊喜礼物，然后主人在塑料外壳上钻几个小洞，把一小片松露放进去，把彩蛋重新合上。彩蛋被埋在我压根不知道的地方，而我必须找到它。见证能力的时候到了，你突然就成了整个家庭的中心，一旦你能把这些彩蛋一个接着一个找到，每一位家庭成员都会

表扬和抚摸你。

"'在我们看来，寻找松露本身也妙趣无穷，因为我们必须和主人默契配合。你必须能很快地领悟到，他对我们的呼唤、招手，他的手势和口哨声到底要传达什么意图。而从你这方面来说，一旦你对松露的位置有所察觉，你必须通过呜咽、吠叫、翻扒和持续的目光接触向你的主人示意。这种蘑菇露出地面几厘米，或者深入地下0.25米都是有可能的。你最好让自己的主人来挖松露，我在那个位置只是象征性刨一下，以免弄伤松露。我用鼻子示意他该挖掘的地方。刚开始，你多半只能闻出比较老的、多少有点腐败的松露，因为它们的气味比较重。而比较谨慎的采集者往往能在旁边找到几株没有被蛆破坏、没有腐败的松露。作为奖赏，主人会搂着我的脖子亲吻，自然少不了从随身包里拿给我一块好吃的点心。这一切就像一次激动人心的游戏。一旦成为经验丰富的松露犬，你会被主人捧在掌心里。当然，等你成了松露专家以后，你很容易就能根据气味辨识出地底下埋藏着哪种松露。通过相应的呜咽、吠叫和摇尾巴，和你配合默契的主人也马上领会到即将挖掘出来的松露的品质。显然，因为这奇怪玩意儿的颜色不同，对人类来说味道就完全不同，所以一旦我示意那是白色的松露，主人的动作马上会变得更加轻柔谨慎。'"

"我相信这只拉戈托，"奥尔格打断了马克西关于这只松露猎犬的长篇报道，"所有真正能够理解我们狗类以及愿意培训我们的人，一般都是按照爱抚和点心的模式进行的。我们雪山救助犬每次出勤回来的欢迎礼都是一根意大利香肠或者熏肠。有时候，人们觉得一块腌制的香肠会影响我们敏锐的嗅觉。其实这完全是杞人忧天。"

"我的嬉皮士主人在奖赏我抓到兔子的时候会给我一块辣椒香肠。在西班牙，这种香肠被叫作红椒味香肠。"马克西说，"这玩意儿会让我的舌头辣很长时间。"

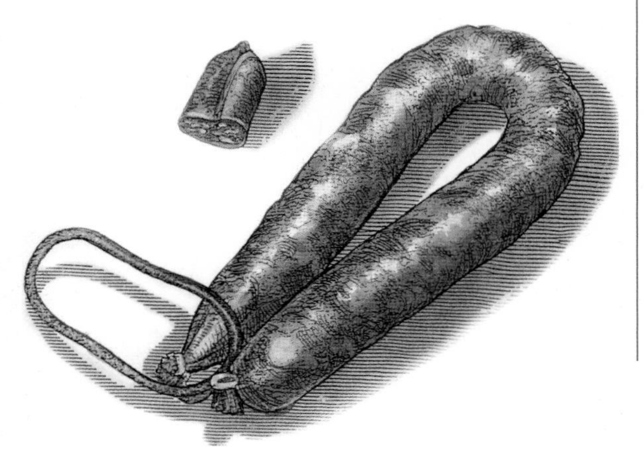

"所以人类不要对我们想当然，我们能同时区分很多种气味。"奥尔格回答说，"你已经看到了，松露专家不仅能闻出腊肠的味道，还能区别松露的气息，哪怕把它们藏在埋藏在地下的木鞋里面。不然任凭人类怎么训练，都无济于事。所以不用担心，奖励美食绝不会轻易破坏我们的嗅觉。"

"正是，"马克西说，"想想看，我自己在西班牙的垃圾桶里什么东西没有吃过啊？要是真像人类担忧的那样，我这会儿该什么都闻不出来了！"

"这种非常滑稽的气味理论纯粹来自人类的嗅觉世界，"奥尔格说，"人类只能用鼻子里少得可怜的嗅觉细胞加上大脑里一点点嗅觉感应中心来凑合度日。所以那些毒品贩子们把毒品放到塑料袋里，又在外面喷上大量香水，还往里面藏入肮脏的内衣裤。他们如果觉得这样就能蒙混过关就太天真了。我们的嗅觉专家们在海关能闻出封装时漏在外面的哪怕一丁点毒品的痕迹。超级狗鼻子绝对不容易被蒙骗！倒是那些狗的主人，很容易就中计了！”

“怎么会这样呢？”马克西问，“狗和狗的主人不是配合得非常好吗？”

“我给你讲一个我们家的故事吧，”奥尔格回答说，“正如你所知，我们的教授是一位美食家，有一次从马拉喀什回程时在手提箱里放了大量香料——一堆摩洛哥香料——和两块带骨羊肉。当时，海关严格禁止进口新鲜肉类。在慕尼黑机场，所有来自摩洛哥的航班还要接受毒品检查。当教授过海关时，因为有只警犬非常愉快地朝着他跑了过去，他也被警犬的主人拦下了。这只警犬还从来没有如此兴奋地问候过其他任何人呢。教授对它说了两三句温柔的话，抚摸它的后耳，并用食指轻轻挠它的耳道。”

“这肯定让它感觉舒服极了，”马克西认同地说。

“是的，这些部位正是我们自己无法挠到的地方，一不小心，我们的爪子就很容易把这里刮出血。”奥尔格解释说，“他的包就直接放在狗的前面，然后缠着狗的主人说话。狗还在非常耐心地享受抚摸，感激地把另一边的耳朵也转了过来。当然，也绝不会做出任何有违禁品的示意。事实上，本来也什么都没有。袋子里虽然有着诱人的新鲜羊肉，但却不是任何毒品。最后，教授毫无阻碍地通过了警犬检查。说到这儿，那羊骨头的味道实在是太好了。我吃到了一块肘子肉，教授说，这都得感谢机场那位同类。它是一只真正的德国牧羊犬，可惜做官僚的海关工作实在屈才了！”

“听你说这些话的时候，我已经在流口水了。”马克西说，“我喜欢吃所有摩洛哥的香料，还有藏红花和大蒜。再说，我相信自己比人类有着更好的味觉感受。”

“这一点我毫不怀疑，”奥尔格说，“当我还在从事雪山救助的工作时，我有一个好哥们儿，叫瓦尔第。它是一头**巴伐利亚山地犬**，是职业猎手斯特夫的伙伴。他们是天生一对，配合得天衣无缝。每当猎到马鹿或者羚羊，瓦尔第就会得到拳头大的一块肝作为奖赏。一次，遇到一位一起参加狩猎的客人，这客人什么都可以不要，偏偏不能少哪怕一小块肝。于是，斯特夫建议说，作为补偿，他应该给狗一块羚羊脾脏、枪眼处的肉或者心脏。斯特夫叫着瓦尔第的名字，它进来了，刚刚闻了闻就不满意地皱起了鼻子，睁大水汪汪的眼睛看着主人，动作轻柔并充满期待地摇着尾巴。斯特夫二话不说，把属于瓦尔第的那一份肝喂给了它。他对来狩猎的客人很无奈地说：‘您知道吗？我之后还要和我的瓦尔第一起狩猎，而不是和您！我可不希望因为这事儿失去了最重要的伙伴！’客人十分沮丧地摇着头说，他自己可从来不会如此宠溺猎犬。无论它们拿到奖赏与否，差别也没有多大。‘绝不是这样的，’斯特夫回答，‘它喜欢吃肝，而且它有权利得到，因为这是它和我之间的约定。’”

狗雪橇有多大马力？
为什么人类需要狗？

“你知道的，奥尔格，我本人并不太喜欢‘实用狗’这个称呼，认为这个说法不得体。因为这个称呼会让人不由自主心生疑问，如果我们不再有用，那么等待我们的命运将会是什么呢？”马克西问。

“其实你说得很对，”奥尔格回答说，“一旦某一样东西不再有用，也就是说人类不再需要某一样东西时，那他们很快就会厌烦，并迅速将之遗忘。”

“可我们是活生生的，不是某一样东西啊！”马克西抗议说。

“根据德国法律，我们始终还是被当作物品来看待的。”奥尔格向他解释说，“现在，就让我们再来看看实用狗的情况：在18世纪中期的英国，当最后一只狼被射杀后，人们就再也不需要专门狩猎这种狼的**爱尔兰猎狼犬**了。这种狗几乎就要灭绝了，而如今猎狼犬得以幸存，完全归功于一位叫作格拉汉姆的人，大约1850年，他通过

残存的猎狼犬和它的近亲培育出后代。大型的牧羊犬，比如匈牙利的**可蒙犬**、法国的**大白熊犬**，还有匈牙利**库瓦兹犬**以及土耳其的**坎高犬**都在亚欧大陆生活，这里的狼直到今天还没有完全灭绝。牧羊犬经常是白色，或者白色带有斑点的，因为牧民们有可能会拿着猎枪来保卫羊群。即便在破晓和黄昏光线昏暗的情况下，白色的牧羊犬也能很好地和狼区别开来。

“法国的牧人以前甚至把黄昏和破晓时分就叫作‘犬狼之时’。还有一句谚语，‘没有狗就没有奶酪’，这也足以说明当年牧羊犬的地位有多高。

“体型较大的牧羊犬主要用于防御狼，体型较小的牧羊犬主要用来把羊群赶到一起。它们尤其要注意让羊群在没有建筑物、划好范围的地方吃草，避免它们进入田地。这样的习惯无论是在**澳大利亚凯尔皮犬**，还是**高加索犬**身上都是天生的，已经通过基因固定下来了。高加索犬在生命中的第6个月开始就已经很会看守羊群了，哪怕它之前从来没有和羊群接触过。”

“我觉得棒极了，”马克西说，“太实用了，这就好比一只实用狗生下来就自带说明书！也许还包退换？”

“你这么说可有点刻薄了，”奥尔格回答说，“不过被你不幸言中。现在的畜牧业已经变成大规模工厂化饲养，羊只能占到人类所需要营养的一小部分，所以很多漂亮的牧羊犬就快要从地球上消失了。”

“就这方面而言，我们现在生活在一个抚慰人的宠物犬盛行的时代，”马克西补充说，“我们的介绍上就明确写着：社交伙伴。”

“你今天心情不错啊，马克西，”奥尔格赞赏地说，“那我们就继续这个话题吧。在天气变化无常的英国，**灵猩**和其他猎犬品种是以速度见长而培育起来的。一只灵猩每小时能跑60~80公里。它可以在不到

28秒的时间内跑完大约480米的跑道！”

“是的，”马克西插话说，“就算在跑道上放抓兔子的陷阱也抓不到它。”

“可这些跑步专家一点都不招人嫉妒，”奥尔格继续说，“它们会在生命中的第二年和第三年达到运动的巅峰状态，但它们中间有很多会在第四年到第五年之间悄悄被安乐死，因为它们已经没用了，人们把这种情形称为运动损耗。在距今仅100到150年前，北美印第安人和因纽特人中还有许多部落的生存非常依赖狗。也许每个人都曾经听说过因纽特人的雪橇犬，但肯定只有很少人知道在英格兰，**西伯利亚雪橇犬**，即**哈士奇**这个词是专门用来咒骂因纽特人的呢🐾。一个因纽特部落给哈士奇的近亲命名为**马拉穆**。这种**阿拉斯加雪橇犬**的效率令人咋舌，著名的极地探险家阿尔弗雷德·瓦格纳（对，就是邮票上的这个人）在1933年就已经用过它们的这种能力了。绑在雪橇上的每一只狗拉动的重量平均是30~40千克，甚至还能爬上一个微微倾斜的小山坡。狗一天只需要吃掉0.7千

克的鱼干，它每跑上100公里往返，也只消耗4千克食物。它耐力超强，能将一只装得满满的雪橇拉上600公里，活动半径很惊人吧！一匹马消耗40千克食物，也只能将货物拉上100公里，而且它的耐力到了400公里已经是极限了。大家可能听说过，俄国人早在15世纪就想去西伯利亚建立自己的巨大王国了，只有借助雪橇犬，才能保证在负重的情况下长途运输物资，及早赶到目的地。后来，狗的这个位置在夏天被马匹、冬天被驯鹿替代了。”

“但是生活在北美平原的印第安人在迁徙的时候肯定没有用到狗雪橇，”马克西说，“而是把他们的印第安帐篷、袋子和包裹都放到了北美野马身上，不是这样吗？”

🐾 因纽特人旧称“爱斯基摩人”（Eskimos），英国商船的水手称他们为Huskimos，即哈士奇（Husky）的谐音。

“在克里斯托弗·哥伦布1492年发现美洲新大陆之前，那儿还没有一匹马呢。”奥尔格回答说，“北美最后出现的野马叫作草原古马，它只有三个脚趾，而且是在第三纪灭绝的，也就是距今大约3000万年前。而西班牙征服者们引进的家马，进化成了北美野马。”

“这么说来，北美野马实际上是野化了的家马？”马克西问。

“正是如此，”奥尔格说，“在抓住并驯化北美野马之前，印第安人本来也是用狗来运输货物的。每个家庭成员平均下来有四只狗。他们用两根长长的棍子在狗背上打结固定，重物放在上面，一个拖拽车就做成了。”

“这肯定是一个异常艰苦的工作，拉动两个长长的负重的木橇。”马克西说，“为什么印第安人不在下面装上轮子呢？”

“轮子对于印第安文化来说还是完全陌生的东西，到白人征服者来到北美时才把轮子带了进来，”奥尔格解释说，“既然恰好聊到了印第安人，你昨天闻到教授穿的那件马甲的味道了吗？”

“闻到了，怎么了！”马克西说，“那应该是用一条公狗的皮毛制成的！”

“嗅觉真好，”奥尔格回答说，“这些皮毛来自于**伯瑞犬**，教授穿了很长时间。如果下雨打湿了他的马甲，他的妻子总会嘟囔几句，说他身上有一股狗的味道。正是因为这种毛皮的应用，我们有了其他的实用价值，这也是人类为我们发掘出的新价值。于是，更多印第安部落开始培育这种狗，比如加拿大的萨利什人就培育出白色的狗，它根本不用来狩猎。狗毛用来织毯子，会加入一部分其他纤维好让网眼细密的织物更加牢固。裹尸布也会用狗毛来编织，布料只含狗毛，不加入其他纤维。”

“明白了，”马克西说，“我们又要问候古老的阿努比斯了！”

“你知道什么是仿狼皮吗？”

“不知道。”马克西回答说。

“仿狼皮是指被修剪染色过的狗皮。它是从亚洲输出到欧洲的，是用在冬季大衣和带风帽的厚上衣上相对便宜的材料。这也是欧洲人从北美印第安人以及因纽特人那里学来的一种传统：用狗毛和狗皮做衣服。”

聪明绝顶！
但是狗能帮我们做家庭作业吗？

“有一点我始终不能理解，”马克西说，“既然我们有这么多用处，我们能为人类做这么多的事情——你看，能从雪崩中救人，也能在实验室里闻出最早的癌细胞苗头——可人类并不感激我们呀！我以前经常被人踢，他们一边咒骂‘笨狗’，一边驱赶我！

“幸好这种情况在最近有所改变，”奥尔格说，“动物行为学家们证明，其实狗类智商也有不同，有智商超群的和不那么聪明的。正因如此，我非常高兴，因为我幸运地认识了土拨鼠精灵。特别聪明的有**柯利犬**、**德国牧羊犬**、**贵宾犬**，尤其是**边境牧羊犬**。如果训练得好，这家伙能通过人类语言理解250多种物品的概念，帮人类叼过来并正确分类。电视明星里克，一只边境牧羊犬，在它的女主人的要求下，从200件物品中连续77次选对主人讲到的东西，无论那是毛绒玩具、球还是帽子，当时摄像机可正对着它呢！

“这当然就吊起了科学家们的胃口去研究它们令人称奇的语言理解能力。他们做了许多测试，这些测试之前是用来调查人类儿童语言和数字理解力的。在这个领域里最新的明星是切塞尔，同样也是一只边境牧羊犬，经过3年时间的学习，它能将1022个玩具正确区分开。人类孩子能完成这项任务至少得到3岁以后了。”“我认识我所在猎区的每一个兔子窝，但是我可记不住1000多个不同的玩具。”马克西承认说。

“但是，”圣伯纳犬说，“教授不是一个

容易轻信的人。不久前有一位女学者做了一个新实验。她到一个之前肯定没有藏过任何炸药的小教堂里，在若干地方藏上炸药。当然，狗的主人和狗对藏炸药的地方一无所知。然后她耍了一个小花招，就是把没有藏炸药的地方利用光影突出出来。这些地方自然吸引了狗主人的注意力，当然，不应该会吸引到嗅觉灵敏的狗的注意力。可是在多数实验里狗会朝着这些伪装的地方冲过去。教授对这点并不感到意外。他只是很淡定地说，聪明的汉斯又来了。”

“汉斯是谁？”马克西问道。

“聪明的汉斯是一匹拉车的马，生活在100年前的柏林。令人称奇的是它不仅会基础运算法，甚至还会开平方根。每当马车夫问它问题的时候，它能通过踢踏前腿来回答，如果3×2就踢6次，如果16开平方根它就踢4次。直到有一个聪明的心理系学生用一张床单彻底挡在马车夫和他的马之间，马的运算能力突然就失灵了。”

“这么说来马车夫一直在偷偷打暗号？”马克西猜测说。

“没有直接的信号，马车夫并没有刻意做任何手脚，但是马对主人无意识的行动非常敏感。至于这之间到底是怎么回事，人们直到今天还没有彻底揭开谜底。”奥尔格解释说。

“但是这至少能证明，我们动物是能和主人进行交流的，或者说动物能意识到主人的很多感觉。”

“当然，主人和狗通过这点极其有限的‘词’当然不可能进行长时间交流，但是我们狗类所能理解的词汇和手势，比有些两条腿的人所想象的要多得多。”奥尔格宣称，“我们在这点上甚至优于我们的祖先狼。比如，当人想给我们看什么东西时，我们能顺着手指所指的方向看过去，而狼只会盯着人抬起的手看。狼习惯于解决和它们的生存休戚相关的事情，而我们狗类侧重于去掌握丰富多彩的训练项目。上千年和人类之间亲密互动的感觉在我们的生命中留下了深深的烙印。比起钻洞抓狐狸的㹴犬，那种看守羊群的牧羊犬对于人类的手势、信号和词汇有更强的理解力。”

“智慧很重要，但是一个优秀的鼻子更重要，”马克西说，“我很想知道，电视观

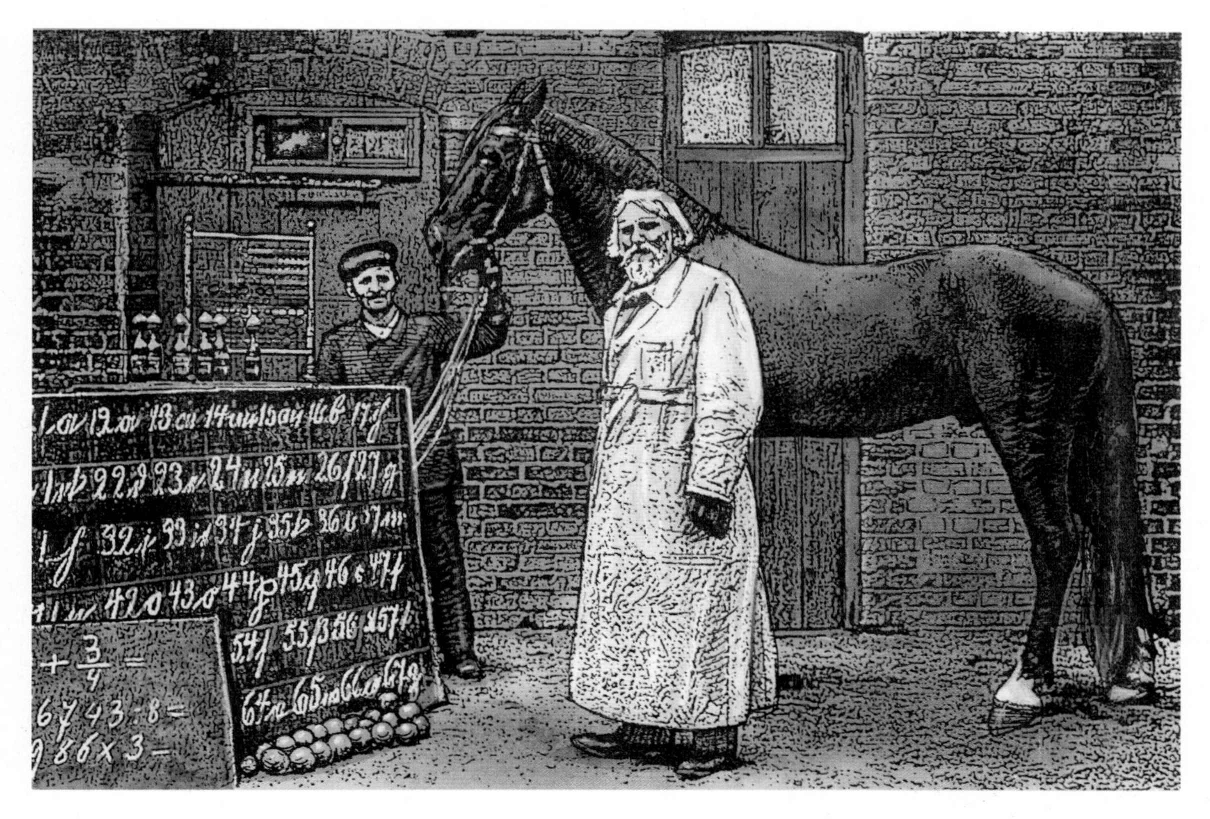

众们到底有没有注意到，这个里克或者那个切塞尔是怎样分辨东西的。因为它们俩其实都在闻那些东西，也就是利用自己的嗅觉来将东西区别开，不是这样吗？”

“是的，”奥尔格回答说，“人类生活中所见所想都是以视觉画面为主，而我们狗类生活在气味和嗅觉的世界。人们可能都无法想象，每一件玩具在我们鼻子边都有不同的味道。尽管如此，专家们还是很震惊，两只狗能根据不同的气味将人类语言涉及的东西分类。想想看吧，我们中间最聪明的小狗有基本计算能力，通过实验证明，我们能够理解1加1不等于3。说到智慧的生灵，我们的智商完全可以和猴子、鹦鹉以及乌鸦媲美了！”

“这种智力测试我还从来没有做过，”马克西说，“但我总能马上领会嬉皮士主人到底想要说什么，看出他什么时候心情不好，分辨出他想要带我出去遛弯儿还是独自出门，这么说来我肯定不笨。但是我也有猜不透的情况，比如当他颓废地盯着酒杯的时候。还有，喝过酒后他身上的气味也很不一样，我要辨认出这些就费劲多了。”

“我们所有的狗都是这样，”奥尔格回答说，“我们根据气味来辨识别人，包括我们自己的主人。一位名字叫弗朗茨·布莱萨摩的著名狗类训练专家曾经给教授讲了两个与此相关的故事。一次，一只训练有素的德国牧羊犬在独自看家时赶走了一个‘入室盗窃’的人——那天晚上，他的主人喝得醉醺醺地回到家，掏钥匙开自家门都费了老大劲儿。当他晃晃悠悠走进过道时，自家的狗居然没有闻出主人的味道，还以为他是窃贼，狠狠地咬了他一口。”

“那第二个故事呢？”马克西好奇地问。

“当弗朗茨·布莱萨摩的父亲得了重病必须住院时，他养的灰色**雪纳瑞**就完全不吃东西了。从那以后，这只雪纳瑞再也没有踏入父亲的工作间，也就是它的窝所在的地方半步。它已经嗅出了父亲即将辞世的信息。就在老先生过世那一天，它也彻底消失了，人们再也没有找到过它的踪迹。”奥尔格讲述着。

“是的，它肯定也躲到一个地方离开了这个世界，”马克西说，“生病的人气味的确不一样。我们在西班牙时，我的鼻子感觉到隔壁有一个人病入膏肓，果不其然，两天之后他就死了。”

“弗朗茨·布莱萨摩当时才大约15岁，他父亲与灰色雪纳瑞的故事深深地打动了他，以至于他将自己的全部精力都贡献给狗类现象的研究。”奥尔格继续补充说，“猫的情况也是相似的。在美国一家收容所里，一只猫总是在人濒临死亡前一天到他

们的床边紧紧依偎，喉咙里发出咕噜咕噜的声音。它可能就是想靠近这最后一口气吧（可能是为了给临死的人一些安慰？）。也难怪人们会根据这些现象产生某种印象，认为这些动物有通灵本领，认为它们能看得见鬼神。正因为这个原因，我们有时候也会被某些人放在神灵的位置上。波斯的琐罗亚斯德教的创始人据说就是狼的后代；罗马城的建立者罗慕路斯和雷穆斯据称也是喝母狼的奶水长大的。”

“真是这样？”马克西很想知道。

“其实不可能，”奥尔格说，“要知道，狼的奶对于人类婴儿来说蛋白质的含量太高了，长期下来，婴儿的肾脏无法消化吸收。同样的道理，一只幼犬如果长期喝人类母乳，营养也是不够的，除非能给它补充肉类，否则它将出现蛋白质缺乏的症状。那则关于罗慕路斯和雷穆斯的故事绝对只是一个传说，一个很美的传说。”

超级刺猬狗
从吃别人到被吃

“来，打个赌吧，”马克西说，“我赌我们已经说到了人类利用狗类的所有方面！”他坐起身子，竖起耳朵，用期待的眼神看着圣伯纳犬。

“很可惜呀，你赌输了，你这个自以为是的小家伙，”奥尔格嘲笑他说，“作为一种用途丰富的家畜我们已经非常骄傲，可惜，我们在人类眼里还有两个作用呢。这两个用途可都不太有尊严。以前，在某些国家，我们可以作为不太重要的食用肉类来源。有些研究者竟然声称，这一用途是驯化狼的主要动机。在因纽特人和北美印第安人的生活习惯中，不仅在食物匮乏时期要吃狗肉，就算在平日里，那些幼犬一旦显出不适合驯养或者不能使用的势头，等待他们的命运就可能是进汤锅。直到今天，非洲西部几内亚的**巴布亚狗**还在服务于人们的胃，甚至我的近亲**阿彭则牧牛犬**以前在瑞士也是贫穷山民最钟爱的美味。它们先被腌制起来，然后在食物匮乏的寒冬作为周日牙祭。某些极地研究者在紧急情况下也多亏了雪橇犬的肉汤才得以幸存。”

“这些可怜的人都是在不得已的情况下才吃狗肉吧，”马克西苦笑着说，“但愿今天没有人会这么做了，不是吗？”

“基本是的，”奥尔格说，“但是，直到今天，在一些国家，**松狮犬**和**沙皮狗**仍然是人们餐桌上的美味。据说人们主要用素食来饲养它们。”

“噢，这些可怜的家伙们！”马克西说，“我们又不是那些反刍动物！”

“我也觉得，”奥尔格回答说，“我们的教授虽然尝试进一步了解和证实亚洲狗肉文化中的素食狗，可惜在这方面没有太大的收获。

“很显然，这里欧洲的作者是抄来的别人的说法。因为有一点是很明确的：如果我们狗长期只吃素食，我们体内就会缺少对生存至关重要的氨基酸，也就是用来制造我们身体所需蛋白质的色氨酸。它的缺乏会导致黑舌病。”

“听起来相当可怕。”马克西说。

“舌头上会出现深深的裂纹，”奥尔格说，“这会滋生细菌，导致发炎，如果没有及时发现和治疗的话，会有生命危险。”

“人们怎么可以用这么愚蠢的方法来喂狗？”马克西抗议说。

“你知道吗，人们在喂养我们时瞎胡闹的各种蠢事儿太多了！”奥尔格回答说，“如果我们要说起来还能说上一整晚。而我们欧洲狗主要的问题不是营养匮乏，而是吃得太多，体型肥胖。诗人兼画家威廉·布施曾经画过一只**巴哥犬**的有趣漫画，画得非常传神！”奥尔格继续补充说：“再说，现在营养学专家才刚刚开始关注家犬的饮食问题。他们发现发育期的大丹犬和雪纳瑞摄入的钙太多，因为人们一直听从这样的口号：补钙补钙，多多益善。其实这样下去会对我们的身体产生负面的影响，它会干扰到骨骺——我们腿部管状长骨的生长区的骨质化过程，造成无法治愈的骨弯曲。”

“这么说起来西班牙垃圾桶还真是恩赐给我的好地方，”马克西开玩笑说，“我们也不会变得太胖，而且垃圾桶的食材丰富多样，我们也没有长成弯腿。那么你提到的第二种我们狗类没有尊严的用途是什么呢？”

“这是比前一种还要令人不愉快的经历，”奥尔格说，“人们把猎犬作为竞速赛犬饲养起来，人们也会根据不同犬种特点，比如攻击性来培养它们的好斗性，这就产生了所谓的斗犬。在英国19世纪末工业化时代，除了**斗牛獒**，人们还培育出了**斗牛㹴**。在格斗区，它们能咬住一只成年公牛的鼻子，并把对方压倒在地上。人们在斗犬身上押很大一笔钱。起先，斗牛㹴主要用于夜间和野兽的搏斗。它们让人心生恐惧，因为不仅力气大，而且能悄无声息地发动攻击。它们能将野兽制服，压在地上直到主人过来。”

“这听起来怎么有点西班牙斗牛士的味道，”马克西说，“它们主要通过赌资来维持生活。和可怜的赛马一样，我们对它们也没有什么好羡慕的。”

“你这个对比很贴切，”奥尔格回答说，“说起来前不久教授还赌了一次，而且还赌赢了。他是和一位狗类专家赌的，赌那位专家不认识他彩照上的那种狗。专家起先还嘲笑教授，但等他看到照片后，他不得不服输了。你看照片，那只狗就躺在长沙发的茶几后面。”

听完，马克西在桌边仔细观察那张照片。

“我从来没有见过这样一只狗，”他说，“如果这玩意儿真的能被叫作狗的话！它的身上全是刺儿，就像一只狗和一只刺猬的杂交品种！超级刺猬狗？”

“正确，”奥尔格回答说，“照片上显示的是来自意大利托斯卡纳的斗牛㹴，晚上遛弯时它意外地撞到了一只豪猪。兽医给它用了全麻，才通过手术取下了它身上的800多根刺。”

“这我就实在不理解了，”马克西说，“这个大家伙是在培育时丢了大半个脑子吗！因为只要还有点理智，遇到这样浑身是刺儿的东西肯定会绕道走啊。虽然我从来没有见过一只豪猪，但我不久前还被刺猬刺过一下，就赶紧把鼻子抽回来了。也许这个攻击力强的斗牛㹴会撞向任何挡在它面前的移动物体。”

“并不完全是这样，”奥尔格回答说，“所有不同品种的斗犬也完全可以非常温柔可爱，充满理智。前提是它们在个性形成和社会化阶段没有被有意识地训练成脾气暴烈的主。以前，英国猎人为了将自己的猎㹴训练得野蛮残忍，要求这些可怜的家伙必须咬坏一辆吉普车的车胎。吉普车一直在开动，它也必须咬紧不松口跟着车轮旋转。一旦松口了，等待它的就是一枪。这可以说是狗类培育史上最不光彩的一章。值得我们庆幸的是，这一页已经完全成为了历史。”

奥尔格艰难地爬起来，一瘸一拐地走到水盆旁：“你知道吗，马克西，人们最喜欢说，狗的一年相当于人过了七年。某些日子里，我的这把老骨头似乎就证实了这一点。”

当她走回来的时候，马克西问：“怎么啦？你这一次经过你最喜欢的书时可一点也没有发出呼噜呼噜的声音呀。”

“我这么做是绝对有理由的，”奥尔格回答说，“昨天晚上开始，那里新放着一本书，比起托马斯·曼的，我更喜欢这一本。这是一位叫作马克·罗兰德的人写的，书名叫作《哲学家和狼》。在书里面哲学家讲述了自己和狼11年朝夕相处的生活。昨天晚上教授大声朗读这本书的时候，我一下子就对书中的一个地方产生了浓厚的兴趣。作者讲到，在训练他自己的狼的时候，假如狼不太听话，他会扔一个项圈来惩罚它。当他第一次使用之前，他还让朋友从后面全力将项圈投向自己的屁股，来感受这东西打在身上到底有多疼！”

“我的天哪！”马克西惊讶地说，“己所不欲，勿施于我们呀。要是人们都能像这位哲学家一样来训练我们，这对我们来说是多大的益处啊！”

“毫无疑问，”奥尔格赞同说，“再说了，我到现在都还没有听说过谁有如此细致敏锐的感情，能争取到一只野狼来做朋友，而且能够相依相伴11年。”

马克西站起身来，走到书架前嗅了嗅这本哲学家的书。这位作者要是能看见马克西对着这本书尾巴摇动得有多么剧烈的话，他一定会非常高兴。

索引

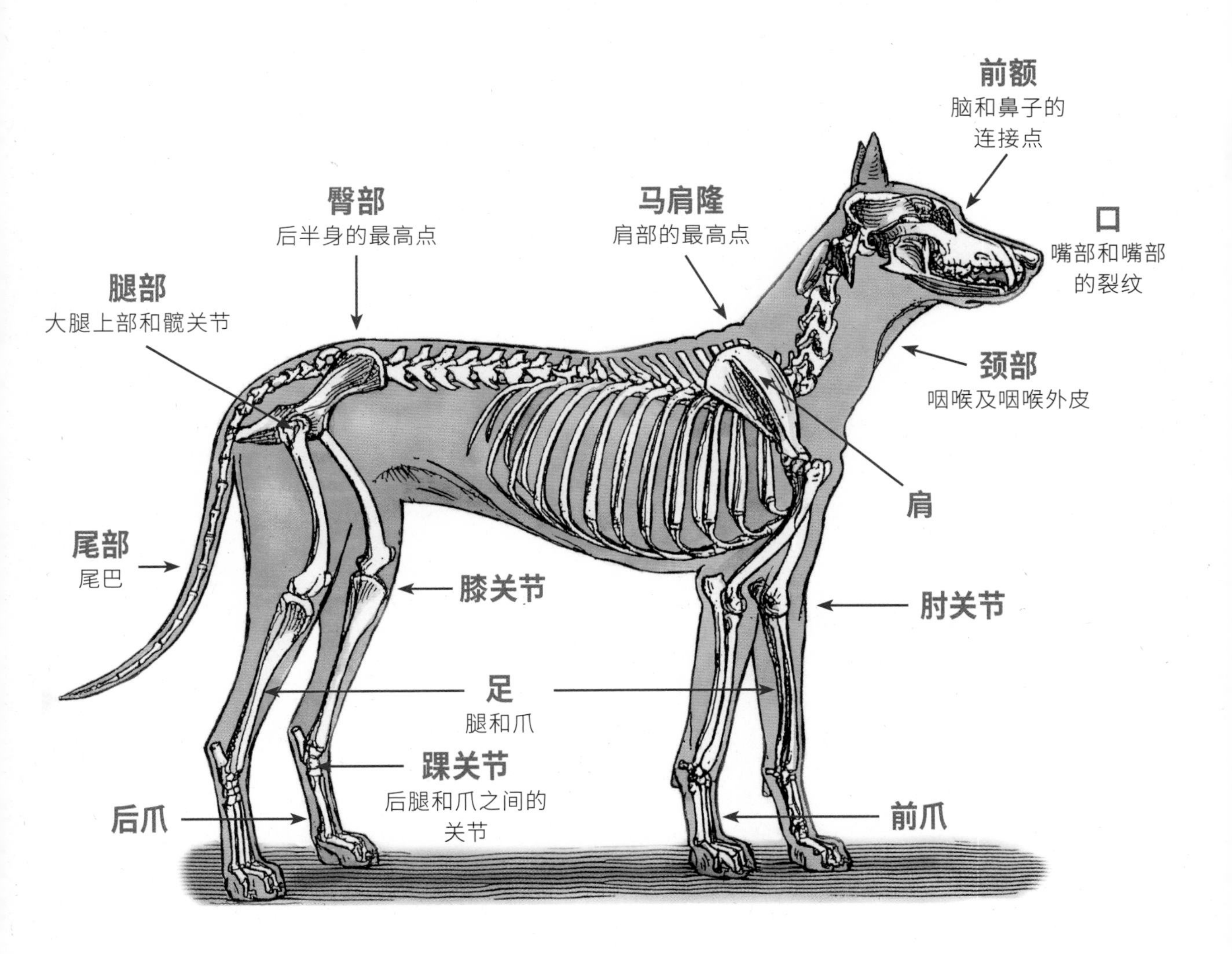
前额
脑和鼻子的
连接点
臀部
后半身的最高点
马肩隆
肩部的最高点
口
嘴部和嘴部
的裂纹
腿部
大腿上部和髋关节
颈部
咽喉及咽喉外皮
肩
尾部
尾巴
膝关节
肘关节
足
腿和爪
踝关节
后腿和爪之间的
关节
后爪
前爪

多么奇特的灵魂！我们那么亲近，却又如此陌生，

在某些点上还有着原则性的分歧。

对于狗来说，人类的言语无法胜过它们自己的逻辑。

—— 托马斯·曼《主人与狗》

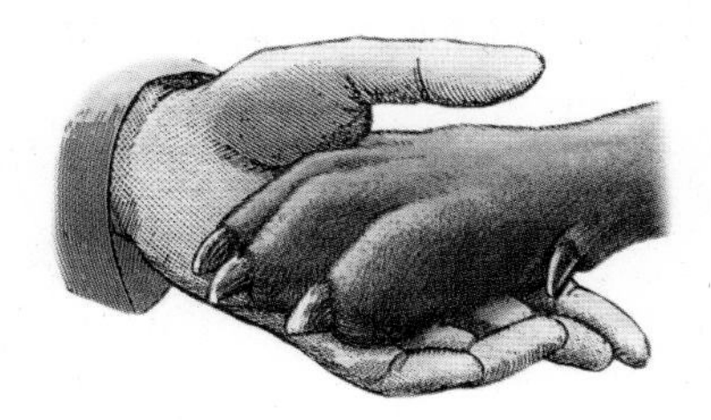

湖岸
Hu'an *publication*

出 品 人_唐　奂
策划编辑_张　芳
产品策划_景　雁
责任编辑_卜凡雅
特约编辑_王　迎　张　瑾
营销编辑_张怡琳
特约校对_张瑀彤
封面设计_裴雷思
美术编辑_崔　玥　韩雨颀

@huan404
湖岸 Huan
www.huan404.com
联系电话_ 010-87923806
投稿邮箱_ info@huan404.com

感谢您选择一本湖岸的书
欢迎关注“湖岸”微信公众号